普通高等教育土建学科专业"十一五"规划教材
全国高职高专教育土建类专业教学指导委员会规划推荐教材

建筑装饰工程预算（第二版）

（工程造价与建筑管理类专业适用）

但　霞　何永萍　编著
袁建新　　主审

中国建筑工业出版社

图书在版编目（CIP）数据

建筑装饰工程预算/但霞，何永萍编著．—2版．—北京：中国建筑工业出版社，2008
普通高等教育土建学科专业"十一五"规划教材．全国高职高专教育土建类专业教学指导委员会规划推荐教材．工程造价与建筑管理类专业适用
ISBN 978-7-112-10115-3

Ⅰ．建… Ⅱ．①但…②何… Ⅲ．建筑装饰—建筑预算—定额—高等学校：技术学校—教材 Ⅳ．TU723.3

中国版本图书馆 CIP 数据核字（2008）第 079889 号

普通高等教育土建学科专业"十一五"规划教材
全国高职高专教育土建类专业教学指导委员会规划推荐教材
建筑装饰工程预算
（第二版）
（工程造价与建筑管理类专业适用）

但 霞 何永萍 编著
袁建新 主审

＊

中国建筑工业出版社出版、发行（北京西郊百万庄）
各地新华书店、建筑书店经销
北京红光制版公司制版
北京市书林印刷有限公司印刷

＊

开本：787×1092 毫米 1/16 印张：8½ 字数：210 千字
2008 年 8 月第二版 2016 年 7 月第十九次印刷
定价：16.00 元
ISBN 978-7-112-10115-3
（16918）

版权所有 翻印必究
如有印装质量问题，可寄本社退换
（邮政编码 100037）

本书是普通高等教育土建学科专业"十一五"规划教材及高职高专工程造价专业系列教材。全书根据2002年国家建设部颁布的《全国统一建筑装饰装修工程消耗量定额》GJD—901—2002、2003年国家建设部颁发的《建设工程工程量清单计价规范》GB 50500—2003以及2003年国家建设部、财政部颁发的《建筑安装工程费用项目组成》（建标［2003］206号）文件，对建筑装饰工程预算定额计价、定额应用、工程量计算、工程量清单编制及计价、工程费用构成及计算、建筑装饰工程预算造价计算等内容进行了详细的讲述，并附有相关的实例。

本书具有通俗易懂、图文并茂、实践性强、与时俱进的特点。本书可作为高等职业院校、成人高等学校、民办高校以及本科院校举办的二级职业技术学院的工程造价专业和装饰类等相关专业的教材，也可作为工程造价管理人员、企业管理人员和技术人员业务学习的参考书。

※ ※ ※

责任编辑：张　晶　陈　桦
责任设计：赵明霞
责任校对：王　爽　梁珊珊

教材编审委员会名单

主　任：吴　泽

副主任：陈锡宝　范文昭　张怡朋

秘　书：袁建新

委　员：(按姓氏笔画排序)

　　　　马纯杰　王武齐　田恒久　任　宏　刘　玲

　　　　刘德甫　汤万龙　杨太生　何　辉　宋岩丽

　　　　张　晶　张小平　张凌云　但　霞　迟晓明

　　　　陈东佐　项建国　秦永高　耿震岗　贾福根

　　　　高　远　蒋国秀　景星蓉

第二版序言

高职高专教育土建类专业教学指导委员会（以下简称教指委）是在原"高等学校土建学科教学指导委员会高等职业教育专业委员会"基础上重新组建的，在教育部、建设部的领导下承担对全国土建类高等职业教育进行"研究、咨询、指导、服务"责任的专家机构。

2004年以来教指委精心组织全国土建类高职院校的骨干教师编写了工程造价、建筑工程管理、建筑经济管理、房地产经营与估价、物业管理、城市管理与监察等专业的主干课程教材。这些教材较好地体现了高等职业教育"实用型""能力型"的特色，以其权威性、科学性、先进性、实践性等特点，受到了全国同行和读者的欢迎，被全国高职高专院校相关专业广泛采用。

上述教材中有《建筑经济》、《建筑工程预算》《建筑工程项目管理》等11本被评为普通高等教育"十一五"国家级规划教材，另外还有36本教材被评为普通高等教育土建学科专业"十一五"规划教材。

教材建设如何适应教学改革和课程建设发展的需要，一直是我们不断探索的课题。如何将教材编出具有工学结合特色，及时反映行业新规范、新方法、新工艺的内容，也是我们一贯追求的工作目标。我们相信，这套由中国建筑工业出版社陆续修订出版的、反映较新办学理念的规划教材，将会获得更加广泛的使用，进而在推动土建类高等职业教育培养模式和教学模式改革的进程中、在办好国家示范高职学院的工作中，做出应有的贡献。

高职高专教育土建类专业教学指导委员会

第一版序言

全国高职高专教育土建类专业教学指导委员会工程管理类专业指导分委员会（原名高等学校土建学科教学指导委员会高等职业教育专业委员会管理类专业指导小组）是建设部受教育部委托，由建设部聘任和管理的专家机构。其主要工作任务是，研究如何适应建设事业发展的需要设置高等职业教育专业，明确建设类高等职业教育人才的培养标准和规格，构建理论与实践紧密结合的教学内容体系，构筑"校企合作、产学结合"的人才培养模式，为我国建设事业的健康发展提供智力支持。

在建设部人事教育司和全国高职高专教育土建类专业教学指导委员会的领导下，2002年以来，全国高职高专教育土建类专业教学指导委员会工程管理类专业指导分委员会的工作取得了多项成果，编制了工程管理类高职高专教育指导性专业目录；在重点专业的专业定位、人才培养方案、教学内容体系、主干课程内容等方面取得了共识；制定了"工程造价"、"建筑工程管理"、"建筑经济管理"、"物业管理"等专业的教育标准、人才培养方案、主干课程教学大纲；制定了教材编审原则；启动了建设类高等职业教育建筑管理类专业人才培养模式的研究工作。

全国高职高专教育土建类专业教学指导委员会工程管理类专业指导分委员会指导的专业有工程造价、建筑工程管理、建筑经济管理、房地产经营与估价、物业管理及物业设施管理等6个专业。为了满足上述专业的教学需要，我们在调查研究的基础上制定了这些专业的教育标准和培养方案，根据培养方案认真组织了教学与实践经验较丰富的教授和专家编制了主干课程的教学大纲，然后根据教学大纲编审了本套教材。

本套教材是在高等职业教育有关改革精神指导下，以社会需求为导向，以培养实用为主、技能为本的应用型人才为出发点，根据目前各专业毕业生的岗位走向、生源状况等实际情况，由理论知识扎实、实践能力强的双师型教师和专家编写的。因此，本套教材体现了高等职业教育适应性、实用性强的特点，具有内容新、通俗易懂、紧密结合工程实践和工程管理实际、符合高职学生学习规律的特色。我们希望通过这套教材的使用，进一步提高教学质量，更好地为社会培养具有解决工作中实际问题的有用人才打下基础。也为今后推出更多更好的具有高职教育特色的教材探索一条新的路子，使我国的高职教育办的更加规范和有效。

全国高职高专教育土建类专业教学指导委员会
工程管理类专业指导分委员会

第二版前言

本书以培养适应生产、建设、管理、服务第一线需要的高等技术应用型人才为目标，根据高职高专院校工程造价专业的培养目标、课程教学基本要求和课程教学改革成果，在继承以往高职高专教育教材建设方面成功经验的基础上，依据2002年国家建设部颁发的《全国统一建筑装饰装修工程消耗量定额》GJD—901—2002、2003年国家建设部颁发的《建设工程工程量清单计价规范》GB 50500—2003 以及2003年国家建设部、财政部颁发的《建筑安装工程费用项目组成》（建标［2003］206号）文件编著的。本书为普通高等教育"十一五"国家级规划教材及高职高专院校工程造价专业的系列教材，也可作为建设管理、建筑经济等专业的教材和工程造价管理人员、企业管理人员业务学习的参考书。

本书主要介绍了建筑装饰工程预算定额计价、定额应用、工程量计算、工程费用构成及计算、建筑装饰工程预算造价计算和建筑装饰工程预算审查等内容，并附有相关的实例。本书在此次修订中增加了工程量清单编制及计价的内容，同时附有实例。本书针对高职高专教育的特点，以必需、够用为度，突出技术应用能力的培养，以建筑装饰工程施工阶段的工程造价管理为重点进行介绍，通俗易懂，具有很强的针对性和实践性。

本书共8章，由但霞、何永萍编著。第一、二、三、八章由但霞编写，第四、五、六、七章由何永萍编写。全书由四川建筑职业技术学院袁建新主审。

限于编者水平，书中难免存在一些缺点和错误，敬请各位同行专家和广大读者批评指正。

此书得到重庆大学教材建设基金资助。

第一版前言

本书以培养适应生产、建设、管理、服务第一线需要的高等技术应用型人才为目标，根据全国高等学校土建学科教学指导委员会高等职业教育专业委员会制定的该专业培养目标和培养方案及主干课程教学基本要求而编写的。在继承以往高职高专教材建设方面成功经验的基础上，依据2002年建设部颁发的《全国统一建筑装饰装修工程消耗量定额》GJD—901—2002以及2003年建设部、财政部颁发的《建筑安装工程费用项目组成》(建标[2003] 206号)编著的。本书为高职高专院校工程造价专业的系列教材之一，也可作为建设管理、建筑经济等专业的教材和工程造价管理人员、企业管理人员业务学习的参考书。

本书主要介绍了建筑装饰工程预算定额计价、定额应用、工程量计算、工程费用构成及计算、建筑装饰工程预算造价计算和建筑装饰工程预算审查，并附有相关的实例。本书针对高职高专教育的特点，以必需、够用为度，突出技术应用能力的培养，以建筑装饰工程施工阶段的工程造价管理为重点进行介绍，通俗易懂，具有很强的针对性和实践性。

本书共8章，由但霞主编。第一、二、三、八章由但霞编写，第四、五章由何永萍编写，第六、七章由袁武军编写。全书由四川建筑职业技术学院王武齐主审。

限于编者水平，书中难免存在一些缺点，敬请各位同行专家和广大读者批评指正。

目 录

第一章　绪论 ·· 1
　　第一节　建筑装饰工程及分类 ·· 1
　　第二节　建筑装饰工程造价计价的基本思路 ·· 2
　　第三节　建筑装饰工程预算课程的研究对象与任务 ··································· 4
　　思考题 ··· 6
第二章　建筑装饰工程预算定额 ·· 7
　　第一节　建筑装饰工程预算定额概述 ··· 7
　　第二节　建筑装饰工程定额计价模式 ··· 8
　　第三节　人工单价、材料单价、机械台班单价的确定 ······························· 12
　　第四节　建筑装饰工程预算定额应用 ··· 20
　　思考题与习题 ·· 25
第三章　建筑装饰工程量计算 ·· 26
　　第一节　概述 ·· 26
　　第二节　建筑面积计算 ·· 26
　　第三节　楼地面工程 ··· 30
　　第四节　墙、柱面工程 ·· 34
　　第五节　顶棚工程 ·· 41
　　第六节　门窗工程 ·· 44
　　第七节　油漆、涂料、裱糊工程 ·· 48
　　第八节　其他工程 ·· 51
　　第九节　装饰装修脚手架及项目成品保护费 ·· 53
　　第十节　垂直运输及超高增加费 ·· 55
　　思考题 ··· 56
第四章　建筑装饰工程直接工程费计算 ·· 57
　　第一节　直接工程费的构成与计算 ·· 57
　　第二节　工料机分析及汇总 ··· 59
　　第三节　建筑装饰工程造价价差调整 ··· 62
　　思考题与习题 ·· 64
第五章　建筑装饰工程费用 ·· 65
　　第一节　建筑装饰工程费用构成及其内容 ··· 65
　　第二节　建筑装饰工程费用计算方法 ··· 68
　　思考题与习题 ·· 73
第六章　建筑装饰工程预算编制实例 ··· 74

第一节　建筑装饰工程预算编制 …………………………………… 74
　　第二节　建筑装饰工程预算的编制实例 …………………………… 76
　　第三节　建筑装饰工程量清单编制及计价实例 …………………… 97
　　思考题 ………………………………………………………………… 112
第七章　建筑装饰工程预算审查 ………………………………………… 113
　　第一节　概述 ………………………………………………………… 113
　　第二节　建筑装饰工程预算的审查方式与方法 …………………… 114
　　第三节　建筑装饰工程预算审查内容 ……………………………… 115
　　第四节　建筑装饰工程预算审查步骤 ……………………………… 117
　　思考题 ………………………………………………………………… 118
第八章　建筑装饰工程结算 ……………………………………………… 119
　　第一节　概述 ………………………………………………………… 119
　　第二节　工程竣工结算 ……………………………………………… 122
　　思考题 ………………………………………………………………… 124
主要参考文献 ……………………………………………………………… 125

第一章 绪 论

第一节 建筑装饰工程及分类

一、建筑装饰的概念

建筑装饰是建筑物、构筑物的重要组成部分，建筑装饰是指使用装饰材料对建筑物、构筑物的外表和内部进行美化装饰处理的建筑工程活动。

建筑装饰是以美学原理为依据，以各种现代装饰材料为基础，通过运用正确的施工技巧和精工细作来实现的艺术作品。一个艺术效果好的装饰工程，不仅取决于一个好的设计方案，而且还取决于优良的施工质量。为满足艺术造型与装饰效果的要求，还要涉及其结构构造、环境渲染、材料选用、工艺美术、声像效果和施工工艺等诸多问题。因此，从事装饰设计的人员，必须视野开阔、经验丰富、美术功底好、设计能力强，才能设计出好的装饰作品。而从事装饰工程施工的人员，必须深刻领会设计意图，详细阅读施工图纸，精心制定施工方案并认真付诸实施，确保工程质量，才能使装饰作品获得理想的建筑装饰艺术效果。

二、建筑装饰工程的作用及内容

1. 建筑装饰工程的主要作用

（1）起到装饰性的作用。通过建筑装饰，获得理想装饰艺术效果，达到美化建筑物和周围环境的目的。

（2）保证建筑物的使用功能。这是指满足某些建筑物在灯光、卫生、隔声等方面的要求而进行的各种建筑装饰。

（3）强化建筑物的空间序列。对建筑装饰工程项目的内部空间进行合理布局和分隔，满足在使用上的各种要求。

（4）强化建筑物的意境和气氛。通过建筑装饰，对室内外的环境进行美化艺术处理，从而达到精神享受的目的。

（5）保护建筑主体结构。通过建筑装饰，使建筑物主体不受风雨和其他有害气体的影响。

2. 建筑装饰工程的内容

建筑装饰工程的内容包括建筑装饰设计、施工管理等一系列建筑活动与工程活动，也就是指建筑装饰项目从业务洽谈、方案设计到施工与管理直至交付业主使用等一系列的工作组合，包括新建、扩建、改建工程和对原有房屋等建筑工程项目室内外进行的全过程的建筑装饰工程活动。

三、建筑装饰工程分类

1. 按使用功能分类

按照国家经委 1985 年 6 月在上海召开的国内宾馆配套样板座谈会的精神，建筑装饰工程按建筑物的使用功能分为下述 11 类：
（1）酒店、宾馆、饭店、度假村；
（2）展览馆、图书馆、博物馆；
（3）商场、购物中心、店铺；
（4）银行营业大厅、证券交易所；
（5）办公楼、写字楼；
（6）歌剧院、戏院、电影院；
（7）歌舞厅、卡拉 OK 歌舞厅；
（8）高级公寓、高层商住楼；
（9）厨房厨具工程；
（10）园林雕塑工程；
（11）其他。

2. 按装饰内容分类

按照吉林省建设厅颁布的《建筑装饰工程内容及分类标准》，建筑装饰工程内容包括：
（1）室内外高级装饰（墙、门、窗、顶棚、地面及室内其他装饰）；
（2）照明灯饰；
（3）空调工程；
（4）音响工程；
（5）艺术雕塑；
（6）庭院美化；
（7）卫生洁具、厨房用具；
（8）特种高级家具；
（9）特种电子工程。

第二节　建筑装饰工程造价计价的基本思路

一、建筑装饰工程造价计价特征

建筑装饰工程由于工艺性强、变化大、没有固定模式，所以具有范围广，装饰形式变化大，工艺复杂，材料品种繁多，新工艺、新材料使用率高，价格差异大等特点。建筑装饰工程的这些特点决定了建筑装饰工程造价计价具有以下几个主要特征：

1. 计价单件性

建筑装饰产品的个别性和差异性决定了其计价的单件性。对于建筑装饰产品，不能像工业产品那样按品种、规格、质量成批地定价，只能通过特殊的程序，对各个项目进行建筑装饰产品造价的计算，即单件计价。

2. 计价方法多样性

建筑装饰产品的个性化、多样化的特点，促使建筑装饰领域中新工艺、新材料层出不穷，新项目也不断出现，因此，建筑装饰工程计价中可以采用单价法、实物法和综合单价法相结合。

3. 造价组合性

建筑装饰工程造价计价是分部组合而成的。一个建设项目是一个工程综合体，这个综合体可以分解为许多有内在联系的独立和不能独立的工程。计价时，首先要对建设项目进行分解，按构成进行分部计算，并逐层汇总。其计算过程和计算顺序是：分部分项工程造价——单位工程造价——单项工程造价——建设项目总造价。

二、建筑装饰工程造价计算思路

目前，建筑装饰工程造价计算方法有三种：单价法、实物法和综合单价法。

1. 单价法计算建筑装饰工程造价的思路

所谓单价法，就是利用各地区、各部门编制的建筑装饰工程计价定额，根据施工图计算出的各分项工程量，分别乘以计价定额中的预算基价，计算出分项工程直接工程费，再计算措施费、间接费、利润、税金等，最后汇总各项费用生成建筑装饰工程造价。其计算思路见图1-1。

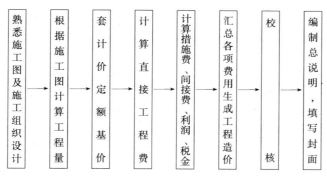

图1-1 单价法计算工程造价思路图

2. 实物法计算建筑装饰工程造价的思路

所谓实物法，就是根据施工图计算出的各分项工程量，分别乘以预算定额中的人工、材料和机械台班消耗量，再乘以当时、当地的人工单价、各种材料单价、机械台班单价，然后计算出分项工程直接工程费，再计算措施费、间接费、利润、税金等，最后汇总各项费用生成建筑装饰工程造价。其计算思路见图1-2。

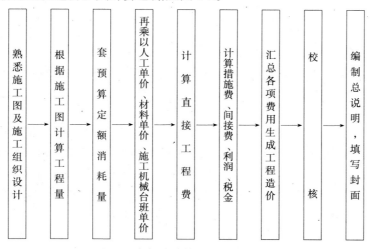

图1-2 实物法计算工程造价思路图

从图 1-1 和图 1-2 我们可以看出，单价法和实物法的主要区别在于分项工程直接工程费的计算方法不同。

3. 综合单价法计算建筑装饰工程造价的思路

所谓综合单价法就是全费用单价法，它是将各分部分项工程单价经综合计算后生成一种全费用单价，全费用单价的内容包括直接工程费、间接费、利润和税金（措施费也可按此方法生成全费用价格）。根据施工图计算出的各分项工程量，分别乘以各分项工程综合单价计算出其合价，汇总合价后生成建筑装饰工程造价。其计算思路见图 1-3。

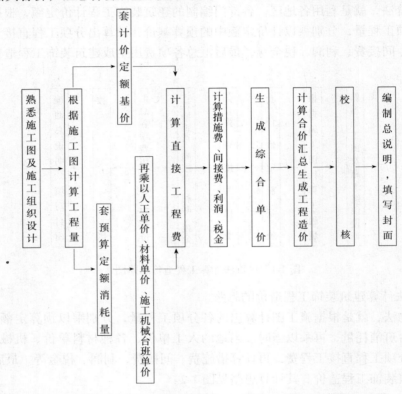

图 1-3　综合单价法计算工程造价思路图

第三节　建筑装饰工程预算课程的研究对象与任务

一、建筑装饰工程预算课程的研究对象与任务

物质资料的生产是人类赖以生存延续和发展的基础，而物质生产活动都必须消耗一定数量的活劳动与物化劳动，这是任何社会都必须遵循的一般规律。建筑装饰工程建设是一项重要的社会物质生产活动，其中也必然要消耗一定数量的活劳动与物化劳动，而反映这种建筑装饰产品的实物形态在其建造过程中投入与产出之间的数量关系以及建筑装饰产品在价值规律下的价格构成因素，即是本课程的研究对象。

1. 建筑装饰工程预算定额

建筑装饰工程预算定额，研究的是建筑装饰产品在其建造过程中所必须消耗的人工、材料、机械台班与建筑装饰产品形成之间的数量关系。

建筑企业是社会物质资料生产的重要部门之一，同所有产品生产一样，建筑装饰产品的生产，同样也要遵循活劳动与物化劳动消耗的一般规律，即生产建筑装饰产品时，必然要消耗一定数量的人工、材料和机械台班。那么，完成合格的单位建筑装饰产品究竟应该消耗多少人工、材料和机械台班呢？这首先取决于社会生产力发展水平，同时也要考虑组织因素对生产消耗的影响，也就是说，在一定的生产力水平条件下，完成合格的单位建筑装饰产品与生产消耗（投入）之间，存在着一定的数量关系。如何客观地、全面地研究这两者之间的关系，找出它们之间的构成因素和规律性，并采用科学的方法，合理确定完成合格单位建筑装饰产品所需活劳动与物化劳动的消耗标准，并用定量的形式表示出来，就是建筑装饰工程预算定额研究的对象。

在建筑装饰产品生产过程中，企业如何正确地执行和运用建筑装饰工程预算定额这一标准消耗额度，有效地控制和减少各种消耗，降低工程成本，取得最好的经济效果，就是研究建筑装饰工程预算定额所要完成的主要任务。

2．建筑装饰工程造价

工程造价是指建设工程的投资费用或建造费用。它有两种含义：第一，是指工程投资费用，即投资者（业主）为建设一项工程所需的全部固定资产投资费用和无形资产投资费用之总和。第二，是指工程建造价格，即建筑企业（承包商）为建造一项工程进行的施工生产经营活动所形成的工程建设总价格或建筑安装工程价格。我们这里提到的建筑装饰工程造价，通常是指工程建造价格，即工程承发包价格，也就是指工程预算价格。这种价格是在建筑市场通过建设工程项目的招投标，由投资者（业主）和中标企业（承包商）共同认可的价格。

建筑装饰企业作为一个独立核算的社会物质生产部门，其最终生产成果是指可以交付使用的具有使用价值与价值的建筑装饰产品，因此，它同样具有商品生产的共同特点。建筑装饰产品既然是商品，当然就必须遵循等价交换的原则。按照马克思再生产的原理，建筑装饰工人在生产建筑装饰产品的过程中，在转移价值的同时，也要为社会创造一部分新的价值，即建筑装饰产品的价值应该由"$C+V+m$"组成。其中 C 表示不变成本，V 表示可变成本，m 表示剩余价值。在这种价值规律的基本原理指导下，按照客观经济规律的要求，研究确定建筑装饰产品价格的构成因素，就是建筑装饰工程造价所要研究的对象。如何采用科学的方法，正确计算建筑装饰产品的预算造价（即价格），就是建筑装饰工程造价所要完成的主要任务。

二、建筑装饰工程预算课程与有关课程之间的关系

由于建筑装饰工程预算定额主要是研究建筑装饰产品的实物形态在其建造过程中投入与产出之间的数量关系，而建筑装饰工程造价则是研究在价值规律指导下建筑装饰产品价格的构成因素，它们之间有着极为密切又不可分割的关系。这门学科涉及到比较广泛的经济理论和经济政策，以及一系列的技术、组织和管理因素，因此，它是一门综合性的技术经济学科。经济学是这门课程的经济理论基础，建筑识图、房屋构造、装饰施工工艺学、建筑材料学、施工组织与计划、建筑企业管理学、建筑技术经济学、工程成本会计学等课程，则是学习这门课程应具有的专业基础知识。在科学技术高速发展的今天，应用计算机编制预算，已成为工程造价计价工作中不可缺少的辅助手段，所以计算机应用技术，也是

我们需要掌握的知识。

思 考 题

1. 什么是建筑装饰？它有何作用？
2. 什么是建筑装饰工程？它包括哪些主要内容？
3. 建筑装饰工程造价的计价特征有哪些？
4. 什么是单价法？如何用单价法计算建筑装饰工程造价？
5. 什么是实物法？如何用实物法计算建筑装饰工程造价？
6. 什么是综合单价法？如何用综合单价法计算建筑装饰工程造价？
7. 建筑装饰工程预算课程的研究对象与任务是什么？

第二章 建筑装饰工程预算定额

第一节 建筑装饰工程预算定额概述

建筑装饰工程从装饰装修专业角度来看，已经发展成为一个独立的专业化工程，因此，建筑装饰工程计价也发展成为一门独立的技术经济学科。为了正确地、独立地、专业化地对建筑装饰工程进行计价，确定标底和进行投标报价，必须使用针对性很强的建筑装饰工程预算定额。原建设部继 1992 年《全国统一建筑装饰工程预算定额》后，2002 年又编制出《全国统一建筑装饰装修工程消耗量定额》GYD—901—2002。当前，各省、市、自治区以《全国统一建筑装饰装修工程消耗量定额》GYD—901—2002 为依据，分别编制了适合本地区的建筑装饰工程预算定额，并与现行的《全国统一建筑装饰装修工程消耗量定额》GYD—901—2002 一起配套使用。

一、建筑装饰工程预算定额的概念

确定完成一定计量单位合格的建筑装饰分项工程或建筑配件所需消耗的人工、材料和机械台班的数量标准，称为建筑装饰工程预算定额。

建筑装饰工程预算定额是建筑装饰行业政策性很强的技术经济文件，是由国家主管机关或被授权单位编制并颁发的一种权威性技术经济指标。它是建筑装饰工程造价计算必不可少的计价依据，它反映国家对当今建筑装饰工程施工企业完成建筑装饰产品每一分项工程所规定的人工、材料、机械台班消耗的数量限额。

二、建筑装饰工程预算定额的特点

由于建筑装饰工程是在建筑结构成型以后对建筑空间进行的再设计、再施工，是建筑技术与建筑艺术的有机结合，它具有技术密集、智力密集、高附加值等产品特点。在选材用料方面，不仅要同设计所创造出的合理的内含空间环境、惬意的内含空间氛围相适应，而且要同城市形象、小区布局以及周边环境相协调。所以，建筑装饰工程预算定额与一般的建筑工程预算定额就有着较大的差异，其特点主要表现在以下几个方面：

（1）新工艺、新材料的项目较多。

（2）文字说明难以表达清楚的部分，以图示说明较多（如栏杆、栏板、扶手、艺术造型顶棚、货架、收银台、展台、吧台、柜类等）。

（3）采用系数计算的项目较多。

（4）因为装饰的工艺需要定额中增加了一些拆除项目。

（5）由于装饰材料的品种、规格繁多，价格差异较大，因此建筑装饰工程预算定额按照"量"、"价"分离的原则编制，以便于正确计算工程造价。

三、建筑装饰工程预算定额的作用

建筑装饰工程预算定额作为计算建筑装饰工程预算造价的重要依据，其作用主要体现在以下几方面：

(1) 编制建筑装饰工程预算，合理确定建筑装饰工程预算造价的依据。
(2) 建筑装饰设计方案进行技术经济比较以及对新型装饰材料进行技术经济分析的依据。
(3) 招投标过程中编制工程标底的依据。
(4) 编制建筑装饰工程施工组织设计，确定建筑装饰施工所需人工、材料及机械需用量的依据。
(5) 编制装饰工程竣工结算的依据。
(6) 建筑装饰施工企业考核工程成本，进行经济核算的依据。
(7) 编制建筑装饰工程单位估价表的基础。
(8) 编制建筑装饰工程概算定额（指标）和估算指标的基础。
(9) 编制企业定额、进行投标报价的参考。

第二节　建筑装饰工程定额计价模式

目前，我国建筑装饰工程计价模式通常有两种：一是定额计价模式，二是工程量清单计价模式。下面着重介绍建筑装饰工程按定额计价模式计价的方法。

所谓定额计价模式，就是使用全国统一预算定额进行计价，或利用各地区、各部门编制的计价定额进行计价。

一、按预算定额进行计价

建筑装饰工程预算定额是一种综合性定额，它主要研究和确定的是定额消耗量。按预算定额进行计价，就是通过应用建筑装饰工程预算定额中的各项消耗量指标，结合各地区人工单价、材料单价和机械台班单价，进行建筑装饰工程计价。

为了满足建筑装饰产品个性化、多样化的需求，建筑装饰领域中新工艺、新材料层出不穷，由于建筑装饰材料的品种、规格繁多，价格差异也大，因此，装饰工程定额基价中出现了未计价材料，对于未计价材料可以采用按预算定额计价的方式进行计价，即实物法计价。

（一）预算定额的编制原则

1. 按社会平均必要劳动量确定定额水平

在商品生产和商品交换的条件下，确定预算定额的消耗量指标，应遵循价值规律的要求，按照产品生产中所消耗的社会平均必要劳动时间确定其定额水平。即在正常施工条件下，以平均的劳动强度、平均的劳动熟练程度、平均的技术装备水平来确定完成每一单位分项工程所需的劳动消耗，作为确定预算定额水平的主要原则。

2. 简明适用

预算定额的内容和形式，既要满足各方面使用的需要（如编制预算，办理结算，编制各种计划和进行成本核算等），具有多方面的适用性，同时又要简明扼要，层次分明，使用方便。预算定额的项目应尽量齐全完整，要把已成熟和推广的新技术、新结构、新材料、新机具和新工艺等项目编入定额。对缺漏项目，要积累资料，尽快补齐。简明适用的核心是定额项目划分要粗细恰当，步距合理。这里的步距是指同类型产品（或同类工程内容）相邻项目之间的定额水平的差距。步距大小同定额的简明适用程度关系极大。步距大，定额项目就会减少，而定额水平的准确度则会降低，不利于提高劳动生产率；步距小，定额项目就会增多，定额水平的准确度则会提高，但使用和管理都不方便。因此定额步距的大小必须适中、合理。

贯彻简明适用的原则，还体现在预算定额计量单位的选择，要考虑简化工程量计算的问题。如抹灰定额中用"m^2"就比用"m^3"作为定额的计量单位方便。

（二）预算定额的编制依据

（1）现行的全国统一劳动定额、材料消耗量定额及施工机械台班使用定额；

（2）现行的设计规范、施工验收规范、质量评定标准和安全操作规程；

（3）通用的标准图集、定型设计图纸、有代表性的设计图纸或图集；

（4）有关科学实验资料、技术测定资料和可靠的统计资料；

（5）已推广的新技术、新材料、新结构、新工艺的资料；

（6）现行的预算定额基础资料、人工工日单价、材料预算单价和机械台班预算单价。

（三）预算定额的编制步骤

预算定额的编制通常可分为准备工作、收集资料、定额编制、审查定稿四个阶段。

1．准备工作阶段

准备工作阶段的任务是成立编制机构，拟定编制方案，确定定额项目，全面收集各项依据资料。

2．收集资料阶段

收集现行规定、规范和政策法规资料以及定额管理部门积累的资料，听取建设单位、设计单位、施工单位及其他有关单位的有经验的专业人员的建议和意见，对混凝土及砂浆配合比进行试验并收集资料。

3．定额编制阶段

各种资料收集齐全之后，就可进行定额的测算和分析工作，并编制定额。

（1）确定编制细则。主要包括：统一编制表格和编制方法；统一计算口径、计量单位和小数点位数的要求；其他统一性规定，如名称统一、专业用语统一、符号代码统一、用字统一等。

（2）确定定额的项目划分和工程量计算规则。

（3）进行定额人工、材料、机械台班耗用量的计算、测算和复核。

4．审查定稿阶段

定额初稿完成后，应与原定额进行比较，测算定额水平，分析定额水平提高或降低的原因，然后对定额初稿进行修正。

在定额水平测算、分析和比较时，还应考虑规范变更的影响，施工方法改变的影响，劳动定额水平变化的影响，材料损耗率调整的影响，人工工日单价、材料预算单价及机械台班单价变化的影响，还有定额项目内容变更对工程量计算的影响等。

通过测算并修正定稿之后，即可拟定编制说明和审批报告，并一起呈报主管部门审批。

（四）预算定额的计价方法

（1）熟悉施工图纸及准备有关资料；

（2）了解施工组织设计和施工现场情况；

(3) 根据施工图计算各分项工程量；

(4) 以各分项工程量分别乘以预算定额的人工、材料、施工机械台班消耗量；按类相加求出该工程所需的人工、各种材料、施工机械台班数量；

(5) 以各分项人工、材料、施工机械台班数量再乘以当时、当地人工单价、各种材料单价和施工机械台班单价，计算出分项工程直接工程费；

(6) 计算措施费、间接费、利润、税金等；

(7) 将直接工程费、措施费、间接费、利润、税金等汇总相加即为建筑装饰工程造价。

(注：措施费、间接费、利润、税金等的计算方法及费率测算方法，参看本书第四章、第五章。)

【例 2-1】 某歌厅顶棚工程，设计要求在顶棚板面上铺放吸声材料，采用 50mm 厚的聚苯乙烯泡沫板，工程量为 610m²。

【解】 (1) 查《全国统一建筑装饰装修工程消耗量定额》GYD—901—2002，定额编号 3—270：

综合人工： 0.0180 工日/m²
镀锌钢丝： 0.1600kg/m²
50mm 厚聚苯乙烯泡沫板： 1.0500m²/m²

(2) 计算人工及各种材料消耗数量：

人工工日 = 0.0180 工日/m² × 610m² = 10.98 工日
镀锌钢丝 = 0.1600kg/m² × 610m² = 97.6kg
50mm 厚聚苯乙烯泡沫板 = 1.0500m²/m² × 610m² = 640.5m²

(3) 计算该分项工程直接工程费：

查某市 2004 年 2 月造价信息价：

人工单价为 42 元/工日，镀锌钢丝单价为 4.70 元/kg，50mm 厚聚苯乙烯泡沫板单价为 22.00 元/m²。

人工费 = 42 元/工日 × 10.98 工日 = 461.16 元
材料费 = 4.70 元/kg × 97.6kg + 22.00 元/m² × 640.5m² = 14549.72 元
该分项工程直接工程费 = 461.16 元 + 14549.72 元 = 15010.88 元

二、按计价定额进行计价

1. 计价定额的概念

计价定额也称预算定额基价表，是预算定额的货币表现形式，即是一定计量单位的分项工程所需要的人工、材料和机械台班消耗量的货币表现形式。

2. 计价定额的特点

(1) 计价定额具有明显的地区性。计价定额是在预算定额的基础上编制的，它根据预算定额规定的人工、材料和机械台班消耗量，结合本地区人工单价、材料单价和机械台班单价，编制出本地区的预算定额基价，它既反映了预算定额的量，又反映了本地区的价，把量与价的因素有机地结合起来。因此，计价定额具有明显的地区性，是各地区正确计算建筑装饰工程造价的主要依据。

(2) 计价定额计价速度快。计价定额是预算定额的单价计算表，它的基价将预算定额的量与本地区的价融为一体，编制预算时可以直接用计价定额基价乘以分项工程量即得分项工程直接工程费，减少了中间环节，提高了计价速度。

3．计价定额的编制依据

(1) 现行建筑装饰工程预算定额及补充预算定额；

(2) 地区建筑装饰工人工资标准；

(3) 地区材料预算价格；

(4) 地区施工机械台班预算价格；

(5) 国家与地区对编制计价定额的有关规定及计算手册等资料。

4．计价定额的编制步骤

(1) 选用计价定额项目。计价定额是针对某一地区的使用而编制的，所以要选用在本地适用的定额项目（包括定额项目名称、定额消耗量和定额计量单位等）。本地不需用或根本不适应的项目，在计价定额中可以不编入。反之，本地常用项目而预算定额中却没有的定额项目，要补充完善，以满足使用的要求。

(2) 抄录定额的工、料、机械台班数量。将计价定额中所选定项目的工、料、机械台班数量，分别抄录在计价定额的分项工程单价计算表的相应栏目中。

(3) 选择和填写单价。将地区日工资单价、材料预算单价、施工机械台班预算单价分别填入工程单价计算表中相应的单价栏内。

(4) 进行单价计算。单价计算可直接在计价定额上进行，也可通过"工程单价计算表"算出各项费用后，再把结果填入计价定额。

(5) 复核与审批。将计价定额中的数量、单价、费用等认真进行核对，以便纠正错误。汇总成册，由主管部门审批后，即可排版印刷，颁发执行。

5．计价定额基价的组成与计算

编制计价定额的主要工作就是计算各分项工程的计价定额基价。基价中的人工费是由预算定额中每一分项工程的用工量乘以地区人工工日单价计算得出；材料费是由预算定额中每一分项工程的各种材料消耗量乘以地区相应材料预算单价之和算出；机械费是由预算定额中每一分项工程的机械台班消耗量乘以地区相应施工机械台班预算单价之和算出。计算公式如下：

$$计价定额基价 = 人工费 + 材料费 + 机械费$$

式中　人工费 = Σ（定额人工消耗量 × 地区平均日工资单价）

材料费 = Σ（定额材料消耗量 × 相应的材料预算单价）

机械费 = Σ（定额机械台班消耗量 × 相应的机械台班预算单价）

6．计价定额的计价方法

根据施工图计算出的各分项工程量，分别乘以计价定额基价，计算出分项工程直接工程费，再计算措施费、间接费、利润、税金等，最后汇总各项费用生成建筑装饰工程造价。

【例2-2】　某办公楼会客室顶棚工程，设计要求：用铝质板（600mm×600mm）做顶棚面层，工程量47m^2。

【解】　(1) 查某地区2003年装饰工程计价定额，定额编号BC0120：

铝质板（600mm×600mm）顶棚面层定额基价 = 134.74 元/m^2

(2) 计算该分项工程直接工程费：

铝质板（600mm×600mm）顶棚面层直接工程费 = 134.74 元/m^2 × 47m^2 = 6332.78 元

第三节 人工单价、材料单价、机械台班单价的确定

建筑装饰工程造价的高低,不仅取决于建筑装饰工程预算定额中人工、材料和机械台班消耗量的大小,同时还取决于各地区建筑装饰行业人工单价、材料单价和机械台班单价的高低。

因此,正确确定人工单价、材料单价和机械台班单价,是计算建筑装饰工程造价的重要依据。

一、人工单价的确定

人工单价亦称人工工日单价。它是指一个建筑工人一个工作日在预算中应计入的全部人工费用。它基本上反映了建筑安装工人的工资水平和一个建筑安装工人在一个工作日中可以得到的报酬。

（一）人工单价的构成及组成内容

人工单价的构成在各地区、各部门不完全相同,其基本构成为:

(1) 基本工资。指发放给生产工人的基本工资,包括岗位工资、技能工资和年终工资。它与工人的技术等级有关,一般来说,技术等级越高,工资也越高。

(2) 工资性补贴。指为了补偿工人额外或特殊的劳动消耗及为了保证工人的工资水平不受特殊条件影响,而以补贴形式发放给工人的劳动报酬,它包括按规定标准发放的物价补贴,煤、燃气补贴,交通费补贴,住房补贴,工资附加,流动施工津贴及地区津贴等。

(3) 生产工人辅助工资。指生产工人年有效施工天数以外非作业天数的工资,包括职工学习、培训期间的工资,调动工作、探亲、休假期间的工资,因气候影响的停工工资,女工哺乳的工资,病假在 6 个月以内的工资及产、婚、丧假期的工资。

(4) 职工福利费。指按规定标准从工资中计提的职工福利费。

(5) 生产工人劳动保护费。指按规定标准发放的劳动保护用品的购置费及修理费,徒工服装补贴,防暑降温费,在有碍身体健康的环境中施工的保健费用等。

现阶段企业的人工单价大多由企业自己制定,但其中每一项内容都是根据有关法规、政策文件的精神,结合本部门、本地区和本企业的特点,通过反复测算最终确定的。

（二）人工单价的确定方法

人工单价即日工资单价,其计算公式如下:

$$日工资单价(G) = \Sigma_1^5 G$$

1. 基本工资（$G1$）计算

$$G1 = \frac{生产工人平均月工资}{年平均每月法定工作日}$$

式中

(1) 年平均每月法定工作日 $= \frac{全年日历日 - 法定假日}{12 个月}$

$$= \frac{365 - 52 \times 2 - 10}{12 个月} = 20.92 \text{ 天}$$

(2) 生产工人平均月工资：

生产工人平均月工资水平按市场需求确定。

2. 工资性补贴（$G2$）计算

$$G_2 = \frac{\Sigma 年发放标准}{全年日历日 - 法定假日} + \frac{\Sigma 月发放标准}{年平均每月法定工作日} + 每工作日发放标准$$

3. 生产工人辅助工资（$G3$）计算

$$G3 = \frac{全年无效工作日 \times (G1 + G2)}{全年日历日 - 法定假日}$$

4. 职工福利费（$G4$）计算

$$G4 = (G1 + G2 + G3) \times 福利费计提比例(\%)$$

5. 生产工人劳动保护费（$G5$）计算

$$G5 = \frac{生产工人年平均支出劳动保护费}{全年日历日 - 法定假日}$$

【例2-3】 已知某油漆小组的平均月基本工资标准为310.00元/月，平均月工资性补贴为210元/月，平均月保险费为62元/月。问油漆小组平均日工资单价为多少？

【解】 油漆小组平均日工资单价 = $\frac{310 + 210 + 62}{20.92}$ = 28 元/日

（三）影响人工单价的因素

影响建筑安装工人人工单价的因素很多，归纳起来有以下几方面：

1. 社会平均工资水平

建筑安装工人人工单价必然和社会平均工资水平趋同。社会平均工资水平取决于社会经济发展水平。由于我国改革开放以来经济迅速增长，社会平均工资也有大幅度增长，从而影响到人工单价的大幅提高。

2. 生产消费指数

生产消费指数的提高会带动人工单价的提高以减少生活水平的下降，或维持原来的生活水平。生活消费指数的变动决定于物价的变动，尤其决定于生活消费品物价的变动。

3. 人工单价的组成内容

例如住房消费、养老保险、医疗保险、失业保险费等列入人工单价，会使人工单价提高。

4. 劳动力市场供需变化

劳动力市场如果需求大于供给，人工单价就会提高；供给大于需求，市场竞争激烈，人工单价就会下降。

5. 国家政策的变化

如政府推行社会保障和福利政策，会影响人工单价的变动。

二、材料单价的确定

材料单价是指建筑装饰材料由其来源地（或交货地点）运至工地仓库（或施工现场材

料存放点）后的出库价格。材料从采购、运输到保管全过程所发生的费用，构成了材料单价。

（一）材料单价的构成及组成内容

一般地，材料单价由以下费用所构成：

（1）材料原价（或供应价格）。即材料的进价，指材料的出厂价、交货地价格、市场批发价以及进口材料货价。一般包括供销部门手续费和包装费在内。

（2）材料运杂费。指材料自来源地（或交货地）运至工地仓库（或存放地点）所发生的全部费用。

（3）运输损耗费。指材料在装卸、运输过程中发生的不可避免的合理损耗。

（4）采购保管费。指材料部门在组织采购、供应和保管材料过程中所发生的各种费用。它包括采购费、仓储费、工地保管费和仓储损耗。

（5）检验试验费。指对建筑材料、构件和建筑安装物进行一般鉴定、检查所发生的费用，包括自设试验室进行试验所耗用的材料和化学药品等费用。不包括新结构、新材料的试验费和建设单位对具有出厂合格证明的材料进行检验，对构件做破坏性试验及其他特殊要求检验试验的费用。

（二）材料单价的确定方法

1. 材料原价（或供应价格）的确定

在确定材料原价时，同一种材料，因产地或供应单位的不同而有几种原价时，应根据不同来源地的供应数量及不同的单价计算出加权平均原价。

2. 材料运杂费的确定

材料运杂费主要包括：车（船）运输费、调车（驳船）费、装卸费及附加工作费等。

车（船）运输费是指火车、汽车、轮船运输材料时发生的途中运费；调车（驳船）费是指车（船）到专用线（专用装货码头）或非公用地点装货时发生的往返运费；装卸费是指给火车、轮船、汽车上下货物时发生的费用；附加工作费是指货物从货源地运至工地仓库期间所发生的材料搬运、分类堆放及整理费用。

材料运杂费应按照国家有关部门和地方政府交通运输部门的规定计算，同一品种的材料如有若干个来源地时，可根据材料来源地、运输方式、运输里程以及国家或地方规定的运价标准按加权平均的方法计算。

建筑材料的运输流程参见图 2-1。

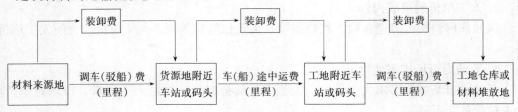

图 2-1　建筑材料运输流程图

3. 运输损耗费的确定

材料运输损耗费可计入材料运输费，也可以单独计算。

材料运输损耗费 =（加权平均原价 + 加权平均运杂费）× 材料运输损耗率

材料运输损耗率按照国家有关部门和地方政府交通运输部门的规定计算，若无规定可参照表 2-1 计取。

各类建筑材料运输损耗率表 表 2-1

材 料 类 别	损 耗 率
机砖、空心砖、砂、水泥、陶粒、水泥地面砖、白瓷砖、卫生洁具、玻璃灯罩	1%
机制瓦、脊瓦、水泥瓦	3%
石棉瓦、石子、黄土、耐火砖、玻璃、大理石板、水磨石板、混凝土管、缸瓦管	0.5%
砌块	1.5%

4. 采购保管费的确定

由于建筑材料的种类、规格繁多，采购保管费不可能按每种材料在采购保管过程中所发生的实际费用计算，只能规定几种费率。目前由国家经委规定的综合采购保管费率为 2.5%（其中采购费率为 1%，保管费率 1.5%）。由建设单位供应材料到现场仓库，施工企业只收保管费。

采购保管费 =（供应价格 + 运杂费 + 运输损耗费）× 采购保管费率

以上四项费用相加的总和为材料基价，计算公式为：

材料基价 = [（供应价格 + 运杂费）×（1 + 材料运输损耗率）]
　　　　　 ×（1 + 采购保管费率）

5. 检验试验费的确定

检验试验费按所检验的单位材料数量发生的费用确定其材料检验试验费。

综合以上五项费用即为材料单价，计算公式为：

材料单价 = [（供应价格 + 运杂费）×（1 + 材料运输损耗率）] ×（1 + 采购保管费率）
　　　　　 + 单位材料量检验试验费

上述是主要建筑材料单价的计算方法。次要材料的材料单价，可以采用简化计算的方法确定，一般在材料原价确定之后，其他费用可按各地区规定的综合费率计算。

【例 2-4】　根据以下资料，计算白石子的材料单价。

白石子系地方材料，经货源调查后确定甲厂可供货 30%，原价为 82.50 元/t，乙厂可供货 25%，原价为 81.60 元/t，丙厂可供货 20%，原价为 83.20 元/t，其余由丁厂供应，原价为 80.80 元/t。甲、丙两地为水路运输，运费 0.35 元/t·km，装卸费 2.8 元/t，驳船费 1.3 元/t·km，途中损耗 2.5%，甲厂运距为 60km，丙厂运距为 67km。乙、丁两地为汽车运输，运距分别为 60km 和 58km，运费为 0.4 元/t·km，调车费 1.35 元/t，装卸费 2.30 元/t，途中损耗 3%，采购保管费率为 2.5%，检验试验费为 10 元/t（注：原价中已包含包装费。地方材料直接从厂家采购，不计供销部门手续费）。

【解】　（1）加权平均原价计算

原价 = 82.5 元/t × 30% + 81.6 元/t × 25% + 83.2 元/t × 20% + 80.80 元/t × 25%
　　 = 81.99 元/t

（2）加权平均运杂费计算

1）加权平均运距：

60km × 30% + 60km × 25% + 67km × 20% + 58km × 25% = 58.4km

2) 加权平均调车（驳船）费：
1.30 元/t × (30% + 20%) + 1.35 元/t × (25% + 25%) = 1.33 元/t
3) 加权平均装卸费：
2.80 元/t × (30% + 20%) + 2.30 元/t × (25% + 25%) = 2.55 元/t
4) 加权平均运输费：
[0.35 元/t·km × (30% + 20%) + 0.40 元/t·km × (25% + 25%)] × 58.4km
= 0.375 元/t·km × 58.4km = 21.90 元/t
综合以上费用，加权平均运杂费 = 1.33 元/t + 2.55 元/t + 21.90 元/t = 25.78 元/t
(3) 加权平均运输损耗费率计算
2.5% × (30% + 20%) + 3.0% × (25% + 25%) = 2.75%
(4) 检验试验费
检验试验费为 10 元/t
(5) 白石子平均单价计算
白石子平均单价 = (81.99 元/t + 25.78 元/t) × (1 + 2.75%)
　　　　　　　　× (1 + 2.5%) + 10 元/t
　　　　　　　= 123.50 元/t

三、机械台班单价的确定

机械台班单价是指对于一台施工机械，在一个台班内为使机械正常运转所支出和分摊的各项费用之和。

施工机械台班费的比重，将随着建筑施工机械化水平的提高而增加。所以正确确定施工机械台班单价具有重要的意义。

（一）机械台班单价的构成及组成内容

施工机械台班单价由以下七项费用构成，这些费用按其性质分类，划分为第一类费用和第二类费用。

第一类费用也称为不变费用，属于分摊费用性质，它包括折旧费、大修理费、经常维修费、安拆费及场外运输费。

第二类费用也称为可变费用，属于支出费用性质，它包括人工费、燃料动力费、养路费及车船使用税。

1．折旧费

指施工机械在规定使用期（即耐用总台班）内，每台班应分摊的机械原值及支付贷款利息的费用。

2．大修理费

指施工机械按规定达到大修理间隔台班时，必须进行大修理以恢复其正常运转而发生的各项费用。

3．经常维修费

指施工机械在寿命期内除大修理以外的各级保养（包括一、二、三级保养），以及临时故障排除和机械停置期间的维护等所需的各项费用，以及为保障机械正常运转所需的替换设备、工具器具摊销费以及机械日常保养所需的润滑及擦拭材料费等。

机械临时故障排除费和机械停置期间维护保养费，指机械除规定的大修理及各级保养以外的临时故障排除所需费用以及机械在工作日以外的保养维护所需润滑擦拭材料费。

替换设备及工具附具费，指为保证机械正常运转所需的消耗性设备及随机使用的工具和器具消耗的费用，如蓄电池、变压器、车轮胎、传动皮带、钢丝绳等。

润滑及擦拭材料费，指为保证机械正常运转及日常保养所需的材料费用，如润滑油脂、擦拭用布、棉纱等。

4．安拆费及场外运输费

（1）安拆费。指施工机械在施工现场进行安装、拆卸所需的人工、材料、机械和试运转费用以及安装所需的机械辅助设施（如安装机械的基础、底座、固定锚桩、行走轨道、枕木等）的折旧、搭设、拆除等费用。

（2）场外运输费。指机械整体或分件从停置场地运至施工现场或由一个工地运至另一个工地的机械进出场运输及转移费用，包括机械的装卸、运输、辅助材料及架线等费用。

5．人工费

指机上司机或副司机、司炉及其他操作人员的基本工资、工资性补贴等费用，其中包括施工机械规定的年工作台班以外的上述人员的基本工资、工资性补贴等费用。

6．燃料动力费

指机械在运转作业中所消耗的固体燃料（煤、木炭）、液体燃料（汽油、柴油）及水、电等的资源费用。

7．养路费及车船使用税

指施工机械按照国家规定和有关部门规定应缴纳的养路费、车船使用税、保险费及年检费等。

（二）机械台班单价的确定方法

1．折旧费的确定

（1）折旧费的计算依据

1）机械预算价格。即机械设备购置费，它由机械设备原价和机械设备运杂费等构成。

2）机械残值率。指机械报废时回收的残余价值占机械预算价格的比率。机械残值率一般为：运输机械2%，特大型机械3%，中小型机械4%，掘进机械5%。

3）贷款利息系数。企业贷款购置机械设备所发生的利息应分摊计入机械台班折旧费中，其分摊计算的方法是通过计算贷款利息系数来计取。

贷款利息系数计算公式如下：

$$贷款利息系数 = 1 + \frac{n+1}{2} \times i$$

式中　n——国家有关文件规定的此类机械设备折旧年限；

　　　i——当年银行的贷款利息。

4）耐用总台班。指施工机械在正常施工作业条件下，从投入使用到报废为止，按规定应该达到的使用总台班数。

$$耐用总台班 = 折旧年限 \times 年工作台班$$
$$= 大修理间隔台班 \times 大修理周期数$$

折旧年限主要依据国家有关固定资产折旧年限的规定确定。

年工作台班是根据有关部门对各类主要施工机械近三年的统计资料分析确定。

大修理间隔台班，指机械自投入使用起至第一次大修理为止（或自上一次大修理后投入使用起至下一次大修理为止），机械应达到的使用台班数。

大修理周期数，指施工机械在正常施工作业条件下，将其寿命期（即耐用总台班）按规定的大修理次数划分为若干个周期。其计算公式为：

$$大修理周期数 = 寿命期大修理次数 + 1$$

寿命期大修理次数，指为恢复原机械功能按规定在全寿命周期内需要进行的大修理次数。

(2) 折旧费的计算公式

$$机械台班折旧费 = \frac{机械预算价格 \times (1 - 机械残值率) \times 贷款利息系数}{耐用总台班}$$

$$机械预算价格 = 原价 \times (1 + 购置附加费率) + 手续费 + 运杂费$$

2. 大修理费的确定

大修理费的计算公式为：

$$机械台班大修理费 = \frac{一次大修理费 \times 寿命期大修理次数}{耐用总台班}$$

一次大修理费，指按机械设备规定的大修理范围和工作内容，对机械设备进行一次全面修理所支出的全部费用（如工时费、配件、辅助材料、油燃料及送修运输费等）。

3. 经常修理费的确定

经常修理费的计算公式为：

$$机械台班经常修理费 = \frac{\Sigma[(各级保养一次费用 \times 寿命期内各级保养总次数) + 临时故障排除费和机械停置期间维护保养费]}{耐用总台班}$$

$$+ 替换设备台班摊销费 + 工具附具台班摊销费 + 例保辅料费$$

式中　各级保养一次费用——分别指机械在各个使用周期内为保证机械处于完好状态，必须按规定进行的间隔周期各级保养、定期保养所发生的全部费用（如工时费、配件、辅助材料、油燃料等）。

寿命期内各级保养总次数——分别指机械一、二、三级保养或定期保养在寿命期内的各个使用周期中的保养次数之和。

临时故障排除费和机械停置期间维护保养费可按各级保养（不包括例保辅料费）费用之和的3%计算，即

机械临时故障排除费和机械停置期间维护保养费

$$= \Sigma (各级保养一次费用 \times 寿命期内各级保养总次数) \times 3\%$$

替换设备、工具、附具台班摊销费

$$= \Sigma \frac{替换设备、工具、附具使用数量 \times 相应单价}{耐用总台班}$$

例保辅料费，即机械日常保养所需的润滑擦拭材料费。

为了简化计算，机械台班经常修理费可按以下方法确定：

$$机械台班经常修理费 = 机械台班大修理费 \times k$$

$$k = \frac{机械台班经常修理费}{机械台班大修理费}$$

如载重汽车 k 值为 1.46，自卸汽车 k 值为 1.52，塔式起重机 k 值为 1.69 等。

4. 安拆费及场外运输费的确定

(1) 计算依据：分别按不同机械型号、重量、外形体积以及不同的安拆和运输方式测算机械一次安拆费和一次场外运输费以及机械年平均安拆次数和年平均运输次数。

(2) 计算公式：

$$机械台班安拆费 = \frac{机械一次安拆费 \times 机械年平均安拆次数}{年工作台班} + 机械台班辅助设施摊销费$$

$$机械台班辅助设施摊销费 = \frac{(机械一次运输及装卸费 + 辅助材料一次摊销费 + 一次架线费) \times 年运输次数}{年工作台班}$$

应当注意，大型机械的安拆费和场外运输费不包括在机械台班单价内，发生时另行计算。

5. 人工费的确定

其计算公式为：

$$机械台班人工费 = 定额机上人工工日 \times 日工资单价$$

$$定额机上人工工日 = 机上定员工日 \times (1 + 增加工日系数)$$

$$增加工日系数 = \frac{年日历天数 - 规定节假公休日 - 辅助工资中年非工作日 - 机械年工作台班}{机械年工作台班}$$

增加工日系数取定为 25%。

6. 燃料动力费的确定

其计算公式为：

$$机械台班燃料动力费 = 台班燃料动力消耗量 \times 相应单价$$

台班燃料动力消耗量应以实测消耗量（仪表测量加合理损耗）为主、以现行定额消耗量和调查消耗量为辅的方法综合确定。

$$台班燃料动力消耗量 = (实测数 \times 4 + 定额平均值 + 调查平均值) \div 6$$

7. 养路费及车船使用税的确定

其计算公式为：

$$养路费及车船使用税 = \frac{载重量 \times (养路费标准 \times 12 + 车船使用税标准)}{年工作台班}$$

养路费单位为元/吨·月，车船使用税单位为元/吨·年。

综合以上七项费用即为机械台班单价，其计算公式为：

机械台班单价 = 机械台班折旧费 + 机械台班大修理费 + 机械台班经常修理费 + 机械台班安拆费及场外运输费 + 机械台班人工费 + 机械台班燃料动力费 + 机械台班养路费及车船使用税

(三) 影响机械台班单价的因素

(1) 施工机械的价格。施工机械价格直接影响施工机械台班折旧费从而也直接影响施工机械台班单价。

(2) 施工机械使用年限。它不仅影响施工机械台班折旧费，也影响施工机械的大修理费和经常修理费。

(3) 施工机械的使用效率、管理水平和维护水平。

(4) 国家及地方政府征收税费的规定等。

第四节 建筑装饰工程预算定额应用

下面以《全国统一建筑装饰装修工程消耗量定额》GYD—901—2002 为例，阐述建筑装饰工程预算定额的具体应用。

一、建筑装饰工程预算定额手册的组成内容

建筑装饰工程预算定额手册由文字说明、定额项目表和附录所组成。

（一）文字说明

文字说明由目录、总说明、分部说明以及工程量计算规则等所组成。

总说明，主要阐述了建筑装饰工程预算定额的编制原则、适用范围、用途、定额中已考虑的因素和未考虑的因素、使用中应注意的事项和有关问题的规定及说明。

分部说明和工程量计算规则，是建筑装饰工程预算定额手册的重要组成部分，它主要阐述了本分部工程所包括的主要项目、定额换算的有关规定、定额应用时的具体规定和处理方法以及分部工程工程量计算规则等。

（二）定额项目表

定额项目表是建筑装饰工程预算定额的核心内容。它由表头（分节定额名称）、工程内容（定额项目所包含各主要工作过程的说明）、定额计量单位、定额编号、定额项目名称以及人工、材料、施工机械台班消耗量指标和相应的人工、材料、施工机械代码所组成。

（三）附录

附录中规定了定额项目表中材料、半成品以及成品的损耗率，是定额应用的补充资料。

二、建筑装饰工程预算定额的应用

在应用建筑装饰工程预算定额时，通常会遇到三种情况：定额的直接套用、定额的换算和定额的缺项补充。这里我们着重介绍定额的直接套用和定额的换算。

（一）预算定额的直接套用

当建筑装饰施工图的设计要求与预算定额项目的工程内容相一致时，可以直接套用预算定额。

在编制建筑装饰施工图预算的过程中，大多数项目可以直接套用预算定额。其方法如下：

（1）熟悉预算定额手册中文字说明部分的各条规定、定额项目表部分的使用方法和附录部分的具体内容。

（2）根据施工图、设计说明和标准图做法说明，从工程内容、技术特征和施工方法上仔细核对，选择与施工图相对应的定额项目。施工图中分项工程的名称、工程内容和计量单位要与预算定额项目一致。

（3）根据施工图计算出的分项工程工程量，分别乘以相应定额项目的人工、材料、施工机械台班消耗量，求得所需分项工程的人工、材料和施工机械台班数量。

（4）将分项工程的人工、材料和施工机械台班数量乘以本地区当期的人工单价、材料

单价、施工机械台班单价（或预算定额基价），即求出分项工程直接工程费。

【例 2-5】 某宾馆大厅地面面积为 402m²，施工图纸设计要求用 1:3 水泥砂浆铺贴大理石板（1000mm×1000mm，多色）。

【解】 （1）根据题意查找相应的定额项目，确定定额编号、项目名称、计量单位，直接套用定额项目的人工、材料、施工机械台班消耗量：

1) 定额编号 1—004，大厅铺贴多色大理石地面。
2) 根据定额 1—004，确定定额消耗量：

综合工日：	0.2680 工日/m²
白水泥：	0.1030kg/m²
大理石板 1000mm×1000mm（综合）：	1.0200m²/m²
石料切割锯片：	0.0035 片/m²
棉纱头：	0.0100kg/m²
锯木屑：	0.0060m³/m²
水：	0.260m³/m²
1:3 水泥砂浆：	0.0303m³/m²
素水泥浆：	0.0010m³/m²
200L 灰浆搅拌机：	0.0052 台班/m²
石料切割机：	0.0168 台班/m²

（2）根据定额 1—004 确定的定额消耗量及工程量，计算该分项工程消耗的人工、材料、施工机械台班数量：

$$人工消耗数量 = 工程量 \times 预算定额的人工消耗量$$
$$材料消耗数量 = 工程量 \times 预算定额的材料消耗量$$
$$施工机械台班消耗数量 = 工程量 \times 预算定额的施工机械台班消耗量$$

计算如下：

综合工日：	402m² × 0.2680 工日/m² = 107.74 工日
白水泥：	402m² × 0.1030kg/m² = 41.41kg
大理石板：	402m² × 1.0200m²/m² = 410.04m²
石料切割锯片：	402m² × 0.0035 片/m² = 1.407 片
棉纱头：	402m² × 0.0100kg/m² = 4.02kg
锯木屑：	402m² × 0.0060m³/m² = 2.412m³
水：	402m² × 0.0260m³/m² = 10.452m³
1:3 水泥砂浆：	402m² × 0.0303m³/m² = 12.1806m³
素水泥浆：	402m² × 0.0010m³/m² = 0.402m³
200L 灰浆搅拌机：	402m² × 0.0052 台班/m² = 2.0904 台班
石料切割机：	402m² × 0.0168 台班/m² = 6.7536 台班

（3）计算该分项工程直接工程费：

查 2003 年某市《建筑装饰工程预算定额》，定额编号 BA0004 中：

人工费为 6.968 元/m²，材料费为 4.803 元/m²（大理石板未计价），机械费为 0.193 元/m²。

查当地造价信息价：20mm 厚大花白大理石（意大利，A）：660 元/m²
20mm 厚紫罗红大理石（土耳其，A）：880 元/m²

该分项工程直接工程费 =（6.968 元/m² + 4.803 元/m² + 0.193 元/m²）× 402m²
+ 660 元/m² × 201m² + 880 元/m² × 201m²
= 314349.53 元

（二）预算定额的换算

当建筑装饰施工图的设计要求与预算定额项目的工程内容、材料规格、施工方法等条件不相一致时，不可以直接套用预算定额，必须根据预算定额文字说明部分的有关规定进行换算后再套用定额。

预算定额的换算主要有砂浆换算、块料用量换算、系数换算和其他换算几种类型。

1. 砂浆换算

《全国统一建筑装饰装修工程消耗量定额》GYD—901—2002 规定：

● 定额注明的砂浆种类、配合比、饰面材料及型号规格与设计不同时，可按设计规定调整，但人工、机械消耗量不变。

● 抹灰砂浆厚度，如设计与定额取定不同时，除定额有注明厚度的项目可以换算外，其他一律不作调整。

（1）砂浆换算原因

当设计图纸要求的抹灰砂浆配合比或抹灰厚度与预算定额的抹灰厚度或配合比不同时，就要进行抹灰砂浆换算。

（2）砂浆换算形式

第一种形式：当抹灰厚度不变，只有配合比变化时，人工、机械台班用量不变，只调整砂浆中原材料的用量。

第二种形式：当抹灰厚度发生变化且定额允许换算时，砂浆用量发生变化，因而人工、材料、机械台班用量均要调整。

（3）换算公式

第一种形式：人工、机械台班、其他材料不变：

$$换入砂浆用量 = 换出的定额砂浆用量$$

$$换入砂浆原材料用量 = 换入砂浆配合比用量 × 换出的定额砂浆用量$$

第二种形式：人工、材料、机械台班用量均要调整：

$$k = \frac{换入砂浆总厚度}{定额砂浆总厚度}$$

$$换算后人工用量 = k × 定额工日数$$

$$换算后机械台班用量 = k × 定额台班数$$

$$换算后砂浆用量 = \frac{换入砂浆厚度}{定额砂浆厚度} × 定额砂浆用量$$

$$换入砂浆原材料用量 = 换入砂浆配合比用量 × 换算后砂浆用量$$

【例 2-6】 1:3 水泥砂浆底，1:2.5 水泥白石子浆窗套面水刷石。

【解】 按第一种形式换算。

换算定额编号：2—008，15—234。

人工、机械台班、其他材料不变，只调整水泥白石子浆的材料用量。

1:2.5 水泥白石子浆用量 $= 0.0112 \text{m}^3/\text{m}^2$。

1:2.5 水泥白石子浆的原材料用量：

42.5MPa 水泥：$567 \times 0.0112 = 6.35 \text{kg/m}^2$。

白石子：$1519 \times 0.0112 = 17.01 \text{kg/m}^2$。

【例 2-7】 1:2 水泥砂浆底 22mm 厚，1:2.5 水泥白石子浆 12mm 厚毛石墙面水刷石。

【解】 按第二种形式换算。

换算定额编号：2—006，15—215，15—234。

$$k = \frac{\text{换入砂浆总厚度}}{\text{定额砂浆总厚度}} = \frac{22+12}{20+10} = 1.133$$

换算后人工用量 $= 1.133 \times 0.3818 = 0.433$ 工日$/\text{m}^2$。

换算后台班用量 $= 1.133 \times 0.0058 = 0.0066$ 台班$/\text{m}^2$。

换算后原材料用量：

42.5MPa 水泥：$\frac{22}{20} \times 0.0232 \times 557 + \frac{12}{10} \times 0.0116 \times 567 = 22.11 \text{kg/m}^2$

粗砂：$\frac{22}{20} \times 0.0232 \times 0.94 = 0.024 \text{m}^3/\text{m}^2$

白石子：$\frac{12}{10} \times 0.0116 \times 1519 = 21.14 \text{kg/m}^2$

其他材料不变。

2. 块料用量换算

当设计图纸规定的块料规格品种与预算定额的块料规格品种不同时，就要进行块料用量换算。

【例 2-8】 设计要求，外墙面贴 100mm × 100mm 无釉面砖，灰缝 5mm，面砖损耗率 1.5%，试计算每 100m² 外墙贴面砖的总消耗量。

【解】 根据定额 2—130 换算：

$$\text{每 100m}^2 \text{ 的 100mm} \times \text{100mm 面砖总消耗量} = \frac{100}{(0.1+0.005) \times (0.1+0.005)} \times (1+1.5\%)$$

$$= \frac{100}{0.011025} \times 1.015$$

$$= 9206.35 \text{ 块}/100\text{m}^2$$

$$\text{折合面积} = 9206.35 \times 0.1 \times 0.1$$

$$= 92.06 \text{m}^2/100\text{m}^2$$

$$= 0.9206 \text{m}^2/\text{m}^2$$

其他材料用量不变，均按原定额。

3. 系数换算

系数换算是指按定额规定，使用某些预算定额时，定额的人工、材料、机械台班乘以一定的系数。例如：

楼梯踢脚线按相应定额乘以 1.15 系数。

圆弧形、锯齿形等不规则墙面抹灰、镶贴块料按相应项目人工乘以系数 1.15，材料乘以系数 1.05。

轻钢龙骨、铝合金龙骨定额中为双层结构，如为单层结构时，人工乘以 0.85 系数。

定额中的单层木门刷油是按双面刷油考虑的，如采用单面刷油，其定额含量乘以 0.49 系数计算。

顶棚面安装圆弧装饰线条人工乘 1.6 系数，材料乘 1.1 系数。

【例 2-9】 装配式 T 型铝合金顶棚龙骨（不上人），单层结构，面层规格（单位：mm）600×600，平面。

【解】 根据定额 3—043 及定额规定换算。

换算后：

人工：0.1400 工日/m^2 × 0.85 = 0.119 工日/m^2

材料、机械用量不变。

【例 2-10】 单层木门单面刷油：底油一遍，刮腻子，调合漆二遍，磁漆一遍。

【解】 根据定额 5—001 及定额规定换算。

换算后：

人工：	0.2500 工日/m^2 × 0.49 = 0.1225 工日/m^2
石膏粉：	0.0540kg/m^2 × 0.49 = 0.0265kg/m^2
砂纸：	0.4800 张/m^2 × 0.49 = 0.2352 张/m^2
豆包布 0.9m 宽：	0.0040m/m^2 × 0.49 = 0.0020m/m^2
醇酸磁漆：	0.2143kg/m^2 × 0.49 = 0.1050kg/m^2
无光调合漆：	0.5093kg/m^2 × 0.49 = 0.2496kg/m^2
清油：	0.0180kg/m^2 × 0.49 = 0.0088kg/m^2
醇酸稀释剂：	0.0110kg/m^2 × 0.49 = 0.0054kg/m^2
熟桐油：	0.0430kg/m^2 × 0.49 = 0.0211kg/m^2
催干剂：	0.0110kg/m^2 × 0.49 = 0.0054kg/m^2
油漆溶剂油：	0.1130kg/m^2 × 0.49 = 0.0554kg/m^2
酒精：	0.0040kg/m^2 × 0.49 = 0.0020kg/m^2
漆片：	0.0007kg/m^2 × 0.49 = 0.0003kg/m^2

4．其他换算

其他换算是指不属于上述几种换算情况的换算。例如：

（1）隔墙（间壁）、隔断（护壁）、幕墙等定额中龙骨间距、规格如与设计不同时，定额用量允许调整。

（2）铝合金地弹门制作型材（框料）按 101.6mm × 44.5mm、厚 1.5mm 方管制定，如实际采用的型材断面及厚度与定额取定规格不符者，可按图示尺寸乘以线密度加 6% 的施工损耗计算型材重量。

【例 2-11】 某工程隔墙采用 60mm × 30mm × 1.5mm 的铝合金龙骨，单向，间距 400mm，计算定额用量。

【解】 通过分析铝合金龙骨的断面不变，只需调整由于间距变化的定额用量。采用比例法可以计算出需用量。

根据 2—183 定额换算：

$$\text{换算后铝合金龙骨用量} = 2.4822 \times \frac{500}{400} = 3.1028 \text{m/m}^2$$

思 考 题 与 习 题

1. 什么是建筑装饰工程预算定额？
2. 建筑装饰工程预算定额有哪些特点？
3. 建筑装饰工程预算定额的作用是什么？
4. 叙述预算定额的编制原则。
5. 叙述预算定额的编制步骤。
6. 什么是计价定额？它与预算定额有什么关系？
7. 怎样应用预算定额进行计价？
8. 怎样应用计价定额进行计价？
9. 如何确定人工单价？
10. 如何确定材料单价？
11. 如何确定机械台班单价？
12. 如何正确套用预算定额？
13. 预算定额的应用有哪几种换算类型？各有什么特点？
14. 试以墙面挂贴花岗石为例，说明定额项目包括的内容，并计算完成 521m² 墙面挂贴花岗石所需的材料用量。
15. 查找本地区装饰工程预算定额，写出下列分项工程项目包括的工程内容、定额编号、预算基价、人工费、材料费及主要材料消耗量。

（1）大理石台阶（1:2.5 水泥砂浆）。
（2）碎拼花岗石地面面层（1:2.5 水泥砂浆）。
（3）竖条式直线型不锈钢钢管栏杆（$\phi32 \times 2$ 不锈钢管）。
（4）外墙面干挂大理石（密封）。
（5）方柱包圆形面不锈钢饰面（$\phi800$ 以外）。
（6）墙面镜面玻璃面层（木龙骨，五层板基层）。
（7）装配式 U 形轻钢龙骨顶棚骨架（不上人型，基层规格 450mm×450mm，二、三级）。
（8）铝塑板顶棚面层（贴在混凝土板下）。
（9）单层木门窗刷防火漆。
（10）单层钢门窗刷调合漆。
（11）顶棚面大压花喷塑。
（12）梁面贴对花金属墙纸。
（13）混凝土墙面泡沫塑料有机玻璃字安装（美术字面积为 0.35m²）。

16. 某饭店螺旋形楼梯面层，设计要求为贴凹凸假麻石块，弧形不锈钢管（$\phi75$）扶手，有机玻璃栏板，试计算定额单位的基价及主要材料消耗量。
17. 某工程铝合金单扇地弹门（带上亮）型材（框料），设计为 101.6mm×44.5mm×2.0mm 的方管。现有工程量 158m²，试计算完成该分项工程的预算价格及主要材料消耗量。

第三章 建筑装饰工程量计算

第一节 概述

一、工程量的概念

工程量是以物理计量单位或自然计量单位所表示的各分项工程或结构构件的实物数量。物理计量单位是以分项工程或结构构件的物理属性为单位的计量单位,如长度、面积、体积、质量和重量等。自然计量单位是指以客观存在的自然实体为单位的计量单位,如套、件、组、个、台、座、樘等。

二、工程量计算的注意事项

工程量的计算是编制施工图预算中最烦琐、最细致的工作,其工作量占整个施工图预算编制工作量的70%以上,能否及时、正确地完成工程量计算工作,直接影响着预算编制的质量和速度。为使工程量计算尽量避免错算,做到迅速准确,工程量计算时应注意以下事项:

1. 工程量计算的项目必须与现行定额的项目一致

工程量计算时,其所列的分项工程项目,必须在项目特征、工程内容等方面与现行定额项目相一致,这样才能正确使用定额的各项指标。

2. 工程量计算的计量单位必须与现行定额的计量单位一致

现行定额中各分项工程的计量单位有多种表现形式,如 m、m^2、m^3、t、个、樘等,在工程量计算前,必须搞清楚现行定额的计量单位,使工程量计算所列项目的计量单位与现行定额项目的计量单位一致,再着手计算,避免由于计量单位不一致造成的重算。

3. 工程量计算规则必须与现行定额的工程量计算规则一致

在工程量计算的过程中,必须严格按照现行定额各章节规定的工程量计算规则进行计算,不得擅自更改,否则将造成错算,影响工程量计算的准确性。

4. 工程量计算必须严格按照施工图纸进行计算

工程量计算必须根据施工图纸所确定的工程范围和内容进行计算,不得重算、漏算,也不得随意抬高构造的等级,这样才能确保工程量数据的准确。

5. 工程量计算一定要遵循合理的计算顺序

合理的计算顺序可以加快工程量计算的速度,避免重算。一般情况下,工程量计算的总体顺序为:先结构、后建筑,先平面、后立面,先室内、后室外。分项工程工程量计算顺序可以按照施工顺序、定额编排顺序、构件的分类和编号顺序以及统筹法进行计算。

第二节 建筑面积计算

一、建筑面积的概念

建筑面积又称建筑展开面积,它指建筑物的水平面面积,是建筑物各层面积的总和。

建筑面积包括使用面积、辅助面积和结构面积三部分。使用面积是指建筑物各层平面面积中直接为生产或生活使用的净面积之和。居室净面积在民用建筑中又称居住面积。辅助面积是指建筑物各层平面面积中为辅助生产或辅助生活所占净面积之和。使用面积与辅助面积之和称为有效面积。结构面积是指建筑物各层平面面积中的墙、柱等结构所占面积之和。

二、建筑面积的作用

（1）建筑面积是建设投资、建设项目可行性研究、建设项目勘察设计、建设项目评估、建设项目招标投标、建筑工程施工和竣工验收、建筑工程造价管理、建筑工程造价控制等一系列工作的重要评价指标。

（2）建筑面积是计算开工面积、竣工面积以及建筑装饰规模等的重要技术指标。

（3）建筑面积是计算单位工程技术经济指标的基础。如单方造价，单方工、料、机消耗指标及工程量消耗指标等的重要技术经济指标。

（4）建筑面积是进行设计评价的重要技术指标。设计人员在进行建筑与结构设计时，通过计算建筑面积与使用面积、辅助面积、结构面积、有效面积之间的比例关系以及平面系数、土地利用系数等技术经济指标，对设计方案作出优劣评价。

综上所述，建筑面积是重要的技术经济指标，在全面控制建筑装饰工程造价和建设过程中起着重要作用。

三、建筑面积计算规则

计算建筑面积，总的原则应该本着凡在结构上、使用上形成具有一定使用功能空间的、并能单独计算出其水平面积的建筑物，均应计算建筑面积，反之则不应计算建筑面积。

1. 计算建筑面积的范围

（1）单层建筑物不论其高度如何，均按一层计算建筑面积。其建筑面积按建筑物外墙勒脚以上，结构的外围水平面积计算。单层建筑物内设有部分楼层者（是指厂房、剧场、礼堂等建筑物内的部分楼层）：首层建筑面积已包括在单层建筑物内，首层不再计算建筑面积；二层及二层以上应计算建筑面积；高低联跨的单层建筑物（图3-1），需分别计算面积时，应以高跨结构外边线为界分别计算。

（2）多层建筑物建筑面积，按各层建筑面积之和计算，其首层建筑面积按外墙勒脚以上结构的外围水平面积计算，二层及二层以上按外墙结构的外围水平面积计算。

（3）同一建筑物如结构、层数不同时，应分别计算建筑面积。

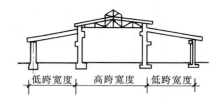

图3-1 高低联跨建筑物示意图

（4）地下室、半地下室、地下车间、仓库、商店、车站、地下指挥部等及有顶盖的相应出入口建筑面积，按其上口外墙（不包括采光井、防潮层及其保护墙）的内边线加宽250mm计算建筑面积，如图3-2所示。

（5）建于坡地的建筑物吊脚空间和深基础地下架空层，设计加以利用时，其层高超过2.2m，按围护结构外围水平面积计算建筑面积。如图3-3、图3-4所示。

（6）穿过建筑物的通道，建筑物内的门厅、大厅和有顶盖的天井，不论其高度如何均

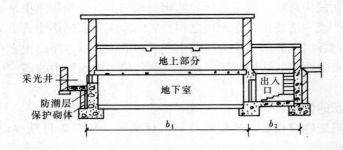

图 3-2 地下室示意图

按一层建筑面积计算。门厅、大厅内设有回廊时,按其自然层的水平投影面积计算建筑面。

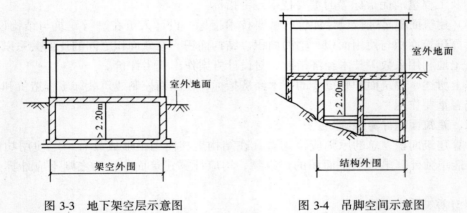

图 3-3 地下架空层示意图　　　　图 3-4 吊脚空间示意图

(7) 书库、立体仓库设有结构层的,按结构层计算建筑面积;没有结构层的,按承重书架层或货架层计算建筑面积,如图 3-5 所示。

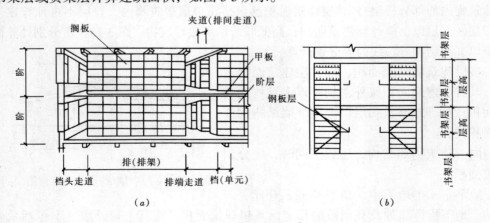

图 3-5 书架层示意图
(a) 书库剖面图;(b) 书架层示意图

(8) 室内楼梯间、电梯井(图 3-6)、提物井、垃圾道、管道井等的建筑面积,均按建筑物的自然层计算建筑面积。

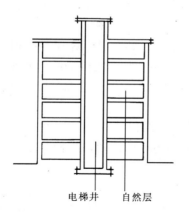 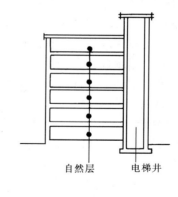

图 3-6　电梯井示意图

（9）有围护结构的舞台灯光控制室，按其围护结构外围水平面积乘以层数计算建筑面积。通常剧院将舞台灯光控制室设在舞台内侧夹层上或设在耳光室中，此处就是指这种有围护结构有顶的灯光控制室。

（10）建筑物内设备管道层、储藏室，其层高超过 2.20m 时，应计算建筑面积。

（11）有柱的雨篷（图 3-7）、车棚、货棚、站台和独立柱两面有墙的雨篷等，按柱外围水平面积计算建筑面积；独立柱的雨篷（图 3-8）、单排柱的车棚、货棚、站台等，按其顶盖水平投影面积的一半计算建筑面积。

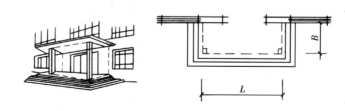

图 3-7　有柱雨篷示意图

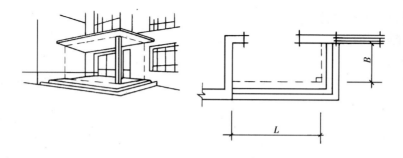

图 3-8　独立柱雨篷示意图

（12）屋面上部有围护结构的楼梯间、水箱间、电梯机房等，其层高超过 2.20m 时，按围护结构外围水平面积计算建筑面积。

（13）建筑物外有围护结构的门斗、眺望间、观望电梯间、阳台、挑廊、走廊和高度大于2.20m的橱窗等，按其围护结构外围水平面积计算建筑面积。

（14）建筑物外有柱和顶盖走廊、檐廊，按柱外围水平面积计算建筑面积；有盖无柱的挑廊、走廊、檐廊按其顶盖投影面积的一半计算建筑面积。无围护结构的凹阳台、挑阳台，按其水平面积的一半计算建筑面积。建筑物间有顶盖的架空走廊，按走廊水平投影面积计算建筑面积。

（15）室外楼梯，按自然层投影面积之和计算建筑面积。

（16）建筑物内变形缝、沉降缝等，凡缝宽在300mm以内者，均依其缝宽按自然层计算建筑面积，并入建筑物建筑面积之内。

2．不计算建筑面积的范围

（1）突出外墙的构件、配件、附墙柱、垛、勒脚、台阶、悬挑雨篷、墙面抹灰、镶贴块材、装饰面等。

（2）用于检修、消防等的室外爬梯和利用地势砌筑的室外梯道。

（3）层高2.2m以内的设备管道层、贮藏室、屋面上部的楼梯面、水箱间、电机房和设计不利用的深基础架空层及吊脚架空层。

（4）建筑物内操作平台、上料平台、安装箱或罐体平台，没有围护结构的屋顶水箱、花架、凉棚等。

（5）独立烟囱、烟道、地沟、油（水）罐、气柜、水塔、贮油（水）池、贮仓、栈桥、地下人防通道等构筑物。

（6）单层建筑物分隔单层厂房，舞台及后台悬挂的幕布、布景天桥、挑台。

（7）建筑物内宽度大于300mm的变形缝、沉降缝。

第三节　楼地面工程

一、定额项目划分

楼地面工程定额项目主要从两个方面划分：一是按部位划分，如地面、台阶、楼梯、栏杆、踢脚线等；二是按材料划分，如大理石、花岗岩、预制水磨石、地砖、地毯、木地板、不锈钢栏杆等。

二、楼地面工程量计算规则

（一）楼地面面层

1．计算规则

楼地面装饰面积按饰面的净面积计算，不扣除 $0.1m^2$ 以内的孔洞所占面积。拼花部分按实贴面积计算。

2．计算公式

楼地面面层工程量 = 房间净长 × 房间净宽 − $0.1m^2$ 以上的孔洞所占面积

3．说明

（1）凡大于 $0.1m^2$ 和不小于200mm厚间隔墙等所占面积应予扣除。

（2）门洞、空圈、壁龛等开口部分的面积应并入相应的楼地面装饰面积内计算。

（3）没有墙体的通廊过道部分的面积应计算在楼地面装饰面积内。

(4) 拼花是指采用不同材质、不同颜色的天然石材拼组成各种图案的装饰项目。拼花部分面积按图案部分的最大外接矩形面积计算；成品拼花石材按设计图案的面积计算。计算拼花以外的楼地面面积时，应扣除拼花部分面积，但图案面积在 0.3m² 以内者，不予扣除。

(5) 大理石、花岗石楼地面拼花按成品考虑。拼花所用的材料是利用大理石和花岗石板加工过程中的边角料，经切割加工成尺寸不同的矩形或不规则形状的大小碎块，按设计的图案以一致的缝宽拼成小面积图案。

(6) 全国统一建筑工程基础定额有以下规定：

石材地面要求按简单几何图案铺贴时人工乘以系数 1.20，石材用量乘以系数 1.06，石料切割乘以系数 1.50；铺贴造型图案时人工乘以系数 1.44，石料切割机乘以系数 1.80，石料损耗可按实计算；地面铺贴成品图案板材时，按相应定额人工乘以系数 1.15，其他不变。

(7) 木地板填充材料，按照《全国统一建筑工程基础定额》相应子目执行。木地板的填充材料包括木龙骨、水平撑和炉渣等。

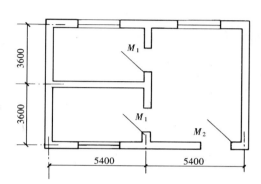

图 3-9 某办公室、会客室建筑平面图

【例 3-1】 如图 3-9 所示，计算某办公室、会客室花岗石地面的饰面工程量。其中：墙厚 240mm；门：M_1 宽 900mm，M_2 宽 1000mm。

【解】 花岗岩地面面积 = [(5.40 - 0.24) × (3.6 - 0.24) × 2 + 0.9 × 0.24 × 2]
　　　　　　　　　　　　　　　（办公室）　　　　　　　　　　　　（开口部分）
　　　　　　　　　+ [(5.40 - 0.24) × (7.20 - 0.24) + 1.0 × 0.24]
　　　　　　　　　　（会议室）　　　　　　　　　　　（开口部分）
　　　　　　　　= 71.26m²

（二）楼梯面层

1. 计算规则

楼梯面积（包括踏步、休息平台以及小于 50mm 宽的楼梯井）按水平投影面积计算。

2. 计算公式

　　　　楼梯面层工程量 = 楼梯间水平投影净面积 - 大于 50mm 宽楼梯井面积

3. 说明

(1) 楼梯面层包括踏步、平台以及小于 50mm 宽的楼梯井，按楼梯间水平投影净面积计算，不包括楼梯踢脚线、底面侧面抹灰。

(2) 楼梯间水平投影净面积 = 楼梯间水平投影净长 × 楼梯间水平投影净宽

(3) 楼梯与走廊连接的，以楼梯踏步梁或平台梁外缘为界，界内为楼梯面层，线外为走廊面积。

(4) 石质板材铺贴楼梯踏步，设计要求中间与两边采用不同颜色石材铺贴时（即所谓"三接板"），按相应定额人工及机械费乘以系数 1.20，白水泥用量乘以系数 1.10。

(5) 定额内楼梯只考虑一般防滑槽，若设计用金属防滑条或其他防滑方式时，材料另计，其他工料机械用量不变。

(6) 凡用水磨石做楼梯面层的，定额中已经包括了防滑条的工料；凡用水泥砂浆抹楼梯面层的，定额中没有包括防滑条的工料。如实际施工中需做防滑条者，增加防滑条的工料。具体计算按楼梯水平投影面积每 100m² 增加人工 28.30 工日，金刚砂 123kg，黑烟子 2.6kg。价格计算分别按上述工料的预算取定价乘工料数量加到定额基价中去。

(7) 对于螺旋楼梯的水平投影面积，可按下式计算：

$$螺旋楼梯水平投影面积 = BH\sqrt{1+\left(\frac{2\pi R_{平}}{h}\right)^2}$$

式中　　B——楼梯宽度；

H——螺旋梯全高；

h——螺距；

$R_{平}$——$\frac{R+r}{2}$，r 为内圆半径，R 为外圆半径。

螺旋楼梯的内外侧面面积等于内（外）边螺旋长乘侧边面高。

$$内边螺旋长 = H\sqrt{1+\left(\frac{2\pi r}{h}\right)^2}$$

$$外边螺旋长 = H\sqrt{1+\left(\frac{2\pi R}{h}\right)^2}$$

（三）台阶面层

1．计算规则

台阶面层（包括踏步及最上一层踏步沿 300mm）按水平投影面积计算。

2．计算公式

$$台阶面层工程量 =（台阶水平投影长 + 300mm）\times 台阶宽$$

3．说明

(1) 台阶面层的工程量是以其水平投影面积来计算，仅包括台阶踏步及最上一层踏步沿水平方向外加 300mm 计算。如图 3-10 所示。

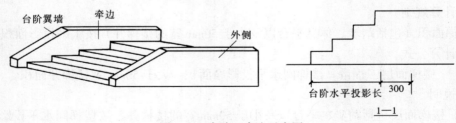

图 3-10　台阶、牵边示意图

(2) 台阶面层的工程量不包括牵边及牵边侧面装饰的工程量。牵边是指台阶两旁防止雨水直接从踏步两旁流下的设施。如图 3-10 所示。

(3) 台阶定额中已包括一般防滑槽，如设计说明用其他材料做防滑条时，材料另计，其他工料机械用量不变。

(4) 台阶铺贴石质板材，设计要求中间与两边采用不同颜色石材铺贴时（即所谓"三接板"），按相应定额人工及机械费乘以系数 1.20，白水泥用量乘以系数 1.10。

【例 3-2】 如图 3-11 所示，计算花岗石台阶饰面工程量。

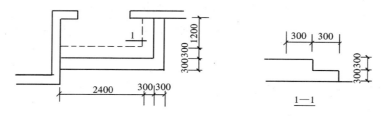

图 3-11　花岗石台阶示意图

【解】　花岗石台阶饰面面积 $= 3.0 \times 1.8 - (3.0 - 0.6) \times (1.8 - 0.6) = 2.52 \text{m}^2$

（四）踢脚线

1．计算规则

踢脚线按实贴长乘高以平方米计算，成品踢脚线按实贴延长米计算。楼梯踢脚线按相应定额乘以 1.15 系数。

2．计算公式

（1）楼地面踢脚线工程量 = 实贴长 × 踢脚板高

（2）楼地面踢脚线工程量（成品）= 实贴延长米

（3）楼梯踢脚线工程量 = 实贴长 × 踢脚板高 × 1.15

（4）楼梯踢脚线工程量（成品）= 实贴延长米 × 1.15

3．说明

（1）踢脚线在定额中分为成品和非成品两类，成品踢脚线（板）以延长米计算，非成品踢脚线（板）以延长米乘高度计算，柱的踢脚板工程量应合并计算。

（2）楼梯踢脚线是随楼梯一起向上倾斜的、保护楼梯踢脚的斜线，一般情况下层高按 3m 设置双跑楼梯的楼层，其斜线长度是其水平投影的 1.15 倍，因此楼梯踢脚线按定额项目乘以 1.15 系数折合成斜线长度（或延长米）后，套用本定额。

（3）踢脚板的高度一般不超过 150mm，但当设计要求超过 150mm 时，就必须对材料的用量进行调整，增大材料用量。但人工、机械的用量不发生改变。

（4）踢脚板根据不同材质单套相应定额子目，整体面层、块料面层中均不包括踢脚板工料，楼梯踢脚线应另行计算。

（五）栏杆、栏板、扶手、弯头

1．计算规则

栏杆、栏板、扶手均按其中心线长度以延长米计算，计算扶手时不扣除弯头所占长度。

2．计算公式

栏杆、栏板、扶手工程量 = 各跑楼梯水平投影长度 × 斜长系数 + 平台栏杆、栏板、扶手长度

3．说明

（1）延长米是实有的延长长度，计算时按其延长米中心线实有长度计算。

（2）楼梯扶手的长度，可按扶手水平投影的总长度乘以系数 1.15 计算。计算扶手长度时，不扣除弯头所占长度。

（3）在计算栏板长度时，按斜面中心线长度（最长边与最短边之和平均值）计算。栏

板有空花栏杆，实心栏板以及两者组合三种。

（4）楼梯（走廊、阳台）栏杆高度按 900~1000mm 综合考虑。

（5）如设计栏杆、栏板、扶手与定额取定的材料规格不一致，可以换算。

（六）弯头

1. 计算规则

弯头工程量计算规则：弯头按个计算。

2. 说明

（1）扶手的弯头需另列项目计算，套用相应定额。

（2）一个拐弯计2个弯头，顶层加1个弯头。

（七）其他项目工程量计算规则

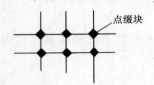

图 3-12 点缀块装饰示意图

1. 计算规则

（1）点缀按个计算，计算主体铺贴地面面积时，不扣除点缀所占面积。

（2）零星项目按实铺面积计算。

2. 说明

（1）点缀是指四块块料的角相聚在同一点上时镶嵌出不同颜色正方形点缀块的装饰。如图3-12所示。

（2）镶拼面积小于 0.015m^2 的石材执行点缀定额。

（3）零星项目适用于楼梯侧面、台阶牵边、小便池、蹲台、池槽以及面积在 1m^2 以内且定额未列出的项目。

第四节 墙、柱面工程

一、定额项目划分

墙、柱面工程定额项目主要从三方面划分：一是按抹灰施工工艺划分，即将工艺上有相同之处、材料上有相近之处的装饰抹灰项目归为一类；二是按镶贴施工工艺划分，即将镶贴施工工艺相近、工作内容和操作程序也有相似之处的镶贴块料项目归为一类；三是按龙骨类型和饰面材料的不同划分，龙骨可分为木龙骨基层和轻钢龙骨基层等，饰面可分为墙纸、丝绒、人造革、塑料板、胶合板、硬木条、石膏板、竹片、镜面玻璃等面层。

二、墙、柱面工程量计算规则

（一）外墙面装饰抹灰

1. 计算规则

外墙面装饰抹灰面积，按垂直投影面积计算，扣除门窗洞口和 0.3m^2 以上的孔洞所占的面积，门窗洞口及孔洞侧壁面积亦不增加。附墙柱侧面抹灰面积并入外墙抹灰面积工程量内。

2. 计算公式

外墙面抹灰工程量计算公式如下：

外墙面抹灰面积 = 外墙长（$L_{外}$）× 外墙高 - 门窗洞口、空圈面积 - 外墙裙面积和大

于 0.3m² 孔洞面积+垛、梁、柱侧面积

3．说明

（1）外墙抹灰面积按外墙垂直投影面积计算，但要扣除门窗洞口、外墙裙和大于 0.3m² 孔洞所占面积，和内墙抹灰一样，洞口侧壁面积亦不增加，嵌入外墙上的垛、梁、柱等的抹灰种类与外墙面抹灰相同时，面积应合并计算，若不相同者应分开计算。

（2）外墙长指外墙外边线长度。

（3）外墙高有以下几种情形：

1）有挑檐天沟，由室外地坪算至挑檐下皮，见图 3-13。

2）无挑檐天沟，由室外地坪算至压顶板下皮，见图 3-14。

3）坡屋面带檐口顶棚者，由室外地坪算至檐口顶棚下皮，见图 3-15。

 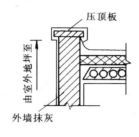 

图 3-13 外墙抹灰计算高度示意图（有挑檐天沟）　　图 3-14 外墙抹灰计算高度示意图（无挑檐天沟）　　图 3-15 外墙抹灰计算高度示意图（坡屋面带檐口顶棚）

（4）抹灰工程按使用材料和装饰效果分为一般抹灰和装饰抹灰。一般抹灰有石灰砂浆、水泥砂浆、混合砂浆、麻刀灰、纸筋灰、石膏灰等，一般抹灰按使用标准和质量又可分为三个等级即普通抹灰、中级抹灰和高级抹灰。装饰抹灰如水刷石、水磨石、斩假石、干粘石、拉毛灰、拉条灰、甩毛灰、喷涂、滚涂、弹涂、仿石和彩色抹灰等。

（5）墙、柱面工程定额中凡注明砂浆种类、配合比、饰面材料与设计不同时，可按设计规定调整，但人工、机械消耗量不变。

（6）抹灰砂浆厚度，如设计与定额取定不同时，除定额有注明厚度的项目可以换算外，其他一律不作调整（表 3-1）。

抹灰砂浆定额厚度取定表（附表）　　表 3-1

定额编号	项目		砂浆	厚度
2—001	水刷豆石	砖、混凝土墙面	水泥砂浆 1:3	12
			水泥豆石浆 1:1.25	12
2—002		毛石墙面	水泥砂浆 1:3	18
			水泥豆石浆 1:1.25	12
2—005	水刷白石子	砖、混凝土墙面	水泥砂浆 1:3	12
			水泥白石子浆 1:1.5	10
2—006		毛石墙面	水泥砂浆 1:3	20
			水泥白石子浆 1:1.5	10

续表

定额编号	项目		砂浆	厚度
2—009	水刷玻璃碴	砖、混凝土墙面	水泥砂浆 1:3	12
			水泥玻璃碴浆 1:1.25	12
2—010		毛石墙面	水泥砂浆 1:3	18
			水泥玻璃碴浆 1:1.25	12
2—013	干粘白石子	砖、混凝土墙面	水泥砂浆 1:3	18
2—014		毛石墙面	水泥砂浆 1:3	30
2—017	干粘玻璃碴	砖、混凝土墙面	水泥砂浆 1:3	18
2—018		毛石墙面	水泥砂浆 1:3	30
2—021	斩假石	砖、混凝土墙面	水泥砂浆 1:3	12
			水泥白石子浆 1:1.5	10
2—022		毛石墙面	水泥砂浆 1:3	18
			水泥白石子浆 1:1.5	10
2—025	墙、柱面拉条	砖墙面	混合砂浆 1:0.5:2	14
			混合砂浆 1:0.5:1	10
2—026		混凝土墙面	水泥砂浆 1:3	14
			混合砂浆 1:0.5:1	10
2—027	墙、柱面甩毛	砖墙面	混合砂浆 1:1:6	12
			混合砂浆 1:1:4	6
2—028		混凝土墙面	水泥砂浆 1:3	10
			水泥砂浆 1:2.5	6

注：每增加一遍素水泥浆或108胶素水泥浆，每平方米增减人工0.01工日，素水泥浆或108胶素水泥浆0.0012m³。

（二）柱抹灰、柱饰面

1. 计算规则

（1）柱抹灰按结构断面周长乘高计算。

（2）柱饰面面积按外围饰面尺寸乘以高度计算。

（3）除定额已列有柱帽、柱墩的项目外，其他项目的柱帽、柱墩工程量按设计图示尺寸以展开面积计算，并入相应柱面积内，每个柱帽或柱墩另增人工：抹灰0.25工日，块料0.38工日，饰面0.5工日。

2. 计算公式

（1）柱抹灰工程量 = 柱结构断面周长 × 柱抹灰高

（2）方柱饰面层工程量 = $(a+b) \times 2 \times$ 柱饰面高（图3-16）

（3）圆柱饰面层工程量 = $\pi D \times$ 柱饰面高（图3-17）

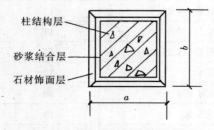

图3-16 方柱饰面层计算示意图

3. 说明

（1）饰面层工程量按柱外围饰面尺寸乘以柱高以

平方米计算,即是按柱面上所安装铺钉的饰面层的面积计算。

(2) 柱一般由柱身、牛腿及柱上预埋构件组成,柱帽是将柱与板粘结起来的部分。

(三) 墙面贴块料面层

1. 计算规则

墙面贴块料面层,按实贴面积计算。

2. 说明

(1) 块料实贴面积是指该墙体的块状材料贴

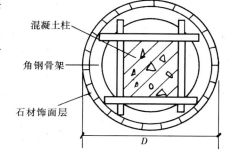

图 3-17 圆柱饰面层计算示意图

了多少就按多少计算,凡是还未贴的部分一律扣除不加计算。

(2) 墙面贴块料面层均以实贴面积计算,凡是贴块料面层的部位都要计算出其展开面积,并入墙面工程量内。镶贴块料面层的门窗洞口侧壁、附墙柱、梁等侧壁均应计算出其相应的面积,并入墙面工程量内。

(3) 墙面贴块料、饰面高度在 300mm 以内者,按踢脚板定额执行。

(4) 在计算墙裙贴块料面层工程量时,以 1500mm 高度为准,如果墙裙高度超过 1500mm,则按墙面贴块料面层计算;高度低于 300mm 时,按踢脚板计算;如果高度为 300~1500mm 之间时,则按墙裙贴块料面层计算。有一点需要说明的是:墙面贴块料面层虽然区分了墙面、墙裙、踢脚板,但在定额编制时,只编制了墙面定额,有的块料墙面与墙裙综合为一个定额,对于只编制了墙面定额的块料面层,按墙面定额执行,对于墙面与墙裙综合为一个定额的,其高度无论在 1.5m 以内或 1.5m 以外,均执行同一定额。

(5)《全国统一建筑工程基础定额》贴瓷片项目,定额中的瓷片规格为 152mm × 150mm,如所贴瓷片规格为 75mm × 152mm 或 100mm × 100mm 时,墙面、墙裙项目的工日乘以系数 1.23,梁、柱面项目的工日乘以系数 1.3,小型构件项目的工日乘以系数 1.25。规格 75mm × 152mm 的瓷片每 1000 块乘以系数 2.03,规格 100mm × 100mm 的瓷片每 1000 块乘以系数 2.31,其他材料不变。

【例 3-3】 某外墙面装饰工程贴浅色墙面砖,根据图 3-18,计算正立面外墙面装饰工程量(窗侧壁尺寸见图 3-19,门侧壁尺寸见图 3-20)。已知:窗 C-1 洞口尺寸为 1.80m × 1.80m,门 M-2 洞口尺寸为 2.70m × 1.80m。

【解】 根据墙面贴块料面层工程量计算规则,其外墙面贴面砖工程量计算如下:

外墙面贴面砖工程量 = (13.20 + 0.24) × (9.20 + 0.15) − [(1.80 × 1.80 × 11)
　　(正立面)　　　　　(墙面长)　　　(墙面高)　　　　　(窗)
　　　　　　　　　　　+ (2.70 × 1.80)] + (9.20 + 0.15) × (0.37−0.12)
　　　　　　　　　　　　　(门)　　　　　　　　　　　　(柱侧壁)
　　　　　　　　　　　× 8 − [(3.30 − 0.24) × 0.12 × 19
　　　　　　　　　　　　　(腰线、窗台线长)　(线宽)　(段)
　　　　　　　　　　　+ (3.30 − 0.24 − 1.80) × 0.12] + (1.80 × 4 × 0.135)
　　　　　　　　　　　　　　(门)　　　　　　　　　(窗壁、顶面、底面)
　　　　　　　　　　　× 11 + (2.70 × 2 + 1.80) × 0.12 = 125.664 − 40.50 + 18.70
　　　　　　　　　　　　　(门侧壁、顶面)

　　　　　　　　　　　− 7.128 + 10.692 + 0.864 = 108.29m²

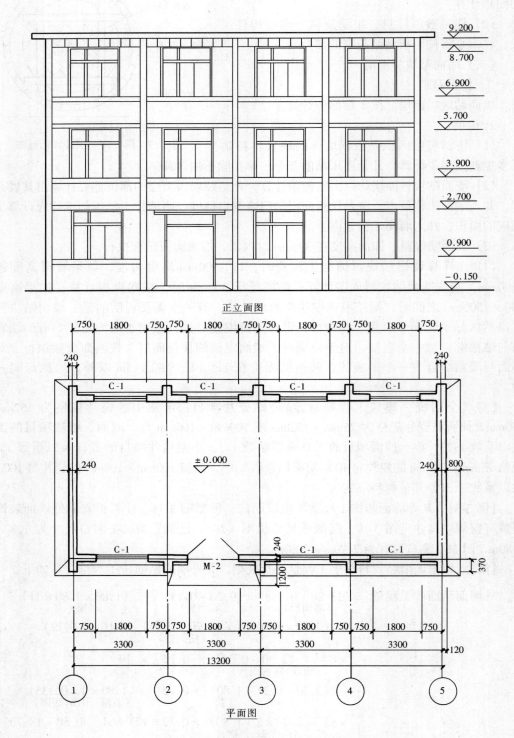

图 3-18 外墙面贴面砖工程量计算图

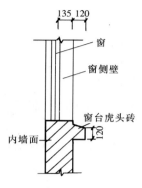

图 3-19 窗侧壁示意图

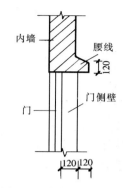

图 3-20 门侧壁示意图

(注：腰线、窗台线贴面砖执行"零星项目"。)

（四）其他项目抹灰

1．计算规则

（1）女儿墙（包括泛水、挑砖）、阳台栏板（不扣除花格所占孔洞面积）内侧抹灰按垂直投影面积乘以系数 1.10，带压顶者乘以系数 1.30，按墙面定额执行。

（2）装饰抹灰分格、嵌缝按装饰抹灰面面积计算。

2．说明

（1）女儿墙高度可按设计高度计算，如设计未注明，一般取 900mm。女儿墙装饰抹灰执行相应的墙面装饰抹灰定额项目。

（2）阳台栏板（不扣除花格所占孔洞面积）内侧抹灰按垂直投影面积乘以系数 1.10 计算工程量，执行相应的墙面抹灰定额项目。

（3）分格嵌缝：指在墙面上粘贴分格条，使墙面抹灰面形成许多分格缝。嵌缝则是用填缝材料将分格缝填实的施工过程。定额中的填缝材料为玻璃。分格、嵌缝按装饰抹灰面面积计算工程量。

（五）零星项目

1．计算规则

（1）"零星项目"按设计图示尺寸以展开面积计算。

（2）挂贴大理石、花岗石中其他零星项目的花岗石、大理石是按成品考虑的，花岗石、大理石柱墩、柱帽按最大外径周长计算。

2．说明

（1）窗台线、门窗套、挑檐、腰线、遮阳板、天沟、雨篷外边线、压顶、扶手等，如果抹灰面展开宽度超过 300mm 时以及大便槽、小便槽、洗衣池等都属于"零星项目"，他们的工程量均按图示尺寸的展开面积计算。

（2）执行"零星项目"有两层含义：一是"零星项目"含有的材料子目，直接套用定额；二是"零星项目"列入的定额子目，按相应的定额水平编制补充定额。

【例 3-4】 某外墙面装饰工程贴浅色墙面砖，根据图 3-18～图 3-20，计算腰线、窗台线贴面砖工程量。

【解】 根据"零星项目"贴块料面层工程量计算规则，其腰线、窗台线贴面砖工程量计算如下：

腰线、窗台线贴面砖工程量 = (3.30 - 0.24) × 0.36 × 19 + (3.30 - 0.24 - 1.80)
　　　　　　　　　　　　　　　　　　　(展开宽)

× 0.36 = 21.38m²

（六）隔断

1．计算规则

（1）隔断按墙的净长乘净高计算，扣除门窗洞口及 0.3m² 以上的孔洞所占面积。

（2）全玻隔断的不锈钢边框工程量按边框展开面积计算。

（3）全玻隔断、全玻幕墙如有加强肋者，工程量按其展开面积计算；玻璃幕墙、铝板幕墙以框外围面积计算。

2．说明

（1）隔断是用以分割房屋或建筑物内部大空间的，作用是使空间大小更加合适，并保持通风采光效果，一般要求隔断自重轻、厚度薄、拆移方便，并具有一定的刚度和隔声能力，按使用材料区分有木隔断、石膏板隔断等。

（2）全玻隔断以不锈钢为材料，其工程量应以边框展开面积计算；而玻璃隔断的外框不论是什么材料，其工程量均应以外边框线尺寸来计算面积。玻璃隔断所用玻璃按设计要求选用。常用的有平板玻璃、磨砂玻璃、压花玻璃、彩色玻璃等。其下部做法按设计要求，主要有罩面板、板条墙抹灰和半砖墙抹灰 3 种。

（3）木隔断的工程量计算规则与玻璃隔墙的工程量计算规则一致，木隔断的长度是指图示的木隔断的净长，同时，木隔断中的门扇面积直接并入隔断面积计算，不必另外列项去套用门窗定额。用于木隔断的木材多为硬质杂木，自重轻、加工方便，可以雕刻成各种花纹，做工精巧、纤细，常用于室内隔断、博古架等。木隔断一般用板条和花饰组合。

（4）玻璃幕墙中的玻璃按成品玻璃考虑，幕墙中的避雷装置、防火隔离层定额已综合，但幕墙的封边、封顶的费用另行计算。玻璃幕墙主要是采用各种形式、各种色彩的玻璃作饰面材料，覆盖于建筑的外立面。玻璃幕墙所用饰面材料，其品种有热反射玻璃、双层玻璃、中空玻璃、浮法透明玻璃、新型防热片——窗用遮阳绝热薄膜等。

（5）铝合金、轻钢隔墙、幕墙按四框的外围面积以平方米计算。四框指铝合金、轻钢隔断、幕墙的四个边框，即上、下横档，左、右边立梃，四框外围面积即为上横档顶面到下横档底面乘以两边立梃外边线之间的距离。

【例 3-5】 某大厅入口处主隔断构造如图 3-21，计算其隔断制作工程量。

【解】 根据隔断工程量计算规则，其隔断制作工程量计算如下：

（1）8 厚磨花玻璃隔断工程量：

(2.0 + 0.1 × 2) × (1.5 + 0.1) = 3.52m²

（2）100 × 60 木枋花梨木、三层板基层木隔断工程量：

(0.7 + 0.1) × (0.2 + 0.4 + 1.5 + 0.1) × 2 + (2.0 + 0.1 × 2) × (0.2 + 0.4) = 4.84m²

（3）木隔断贴水曲板面层工程量：

[(0.7 × 2 + 0.1 × 4 + 2.0) × (0.2 + 0.4 + 1.5 + 0.1) - (2.0 × 1.5)] × 2
　　　　　　　　　　　　　　　　　　　　　　　　　　（磨花玻璃）

+ (0.7 × 2 + 0.1 × 4 + 2.0) × 0.1 = 10.72 + 0.38 = 11.1m²
　（木隔断顶面）

（4）木线条造型工程量：

$2.0×8$ 根(双面) $+0.7×28$ 根(双面) $+[(0.2+0.4+1.5+0.1)$
$×16$ 根(双面) $+0.1×8$ 根(双面)] $=16+19.6+36=71.6m$

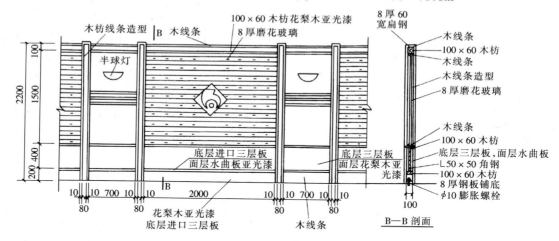

图 3-21 某大厅入口处主隔断构造图

第五节 顶 棚 工 程

一、定额项目划分

顶棚工程定额项目按其构造组成分为顶棚龙骨和顶棚饰面两大部分。顶棚龙骨按其顶棚造型与龙骨材料的不同进行划分，如木龙骨、轻钢龙骨、铝合金龙骨、平面顶棚、跌级顶棚、艺术造型顶棚等。顶棚饰面主要按其饰面做法与饰面所用材料不同分项，如板材装饰面层、铝制品装饰面层、格栅顶棚、金属网架顶棚、玻璃采光顶棚等。

二、顶棚工程量计算规则

（一）顶棚龙骨

1. 计算规则

（1）各种吊顶顶棚龙骨按主墙间净空面积计算，不扣除间壁墙、检查洞、附墙烟窗、柱、垛和管道所占面积。

（2）本章定额中龙骨、基层、面层合并列项的子目，工程量计算规则同第一条。

2. 计算公式

顶棚龙骨工程量 = 建筑面积 – 墙体结构面积

3. 说明

（1）顶棚龙骨按主墙间净空面积计算，一般指按承重墙之间的净面积计算，不扣除间壁墙、检查洞、附墙烟窗、柱、垛和管道所占面积。

（2）顶棚龙骨是一个包括由主龙骨、次龙骨、小龙骨（或称为主搁栅、次搁栅）所形成的网络骨架体系。中、小龙骨又称次龙骨，其主要功能是将饰面板固定，并将饰面板荷载传递给主龙骨。次龙骨一般采用 50mm×50mm 或 40mm×60mm 的方木，其间距一般为 400~500mm。间距龙骨（或称卡档搁栅）一般为 50mm×50mm 或 40mm×60mm 的方木，其间距为300～400mm。本定额中允许换算的是指大龙骨和中小龙骨。吊木筋用量与规格无关，不应换算。其龙骨用量比例：大龙骨50%，中小龙骨40%，吊木筋10%。

（3）单层骨架顶棚是指大龙骨（有的称主楞木或主搁栅）和中龙骨（有的称次楞木或次搁栅）的底面处于同一水平面上的一种顶棚结构。双层骨架顶棚是指在大龙骨下面，钉有一层中小龙骨的一种顶棚结构。一般双层结构可以承重，可以上人。

（4）轻钢龙骨、铝合金龙骨定额中为双层结构（即中、小龙骨紧贴大龙骨底面吊挂），如为单层结构时（大、中龙骨底面在同一水平上），人工乘0.85系数。

（5）本定额除部分项目为龙骨、基层、面层合并列项外，其余均为顶棚龙骨、基层、面层分别列项编制。

（二）顶棚基层

1．计算规则

顶棚基层按展开面积计算。

2．说明

顶棚基层是介于顶棚龙骨与顶棚面层之间的中间层，其常用的材料有胶合板、石膏板等。如图3-22。

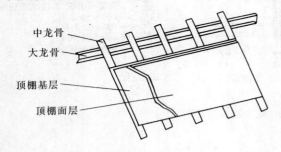

图3-22 顶棚基层示意图

（三）顶棚面层

1．计算规则

顶棚装饰面层，按主墙间实钉（胶）面积以平方米计算，不扣除间壁墙、检查口、附墙烟窗、垛和管道所占面积，但应扣除$0.3m^2$以上的孔洞、独立柱、灯槽及与顶棚相连的窗帘盒所占的面积。

2．计算公式

顶棚面层工程量 = 主墙间实钉（胶）面积 − $0.3m^2$以上的孔洞、独立柱、灯槽及与顶棚相连的窗帘盒所占面积

3．说明

（1）顶棚中假梁、折线、叠线等圆弧形、拱形、特殊艺术形式的顶棚饰面，均按展开面积计算。

（2）顶棚面层设计有圆弧形、拱形时，其圆弧形、拱形部分的面积，在套用顶棚面层定额时，人工应增加系数。圆弧形面层人工按其相应定额乘系数1.15，即人工增加15%；拱形面层的人工按其相应定额乘系数1.5，即人工增加50%。

（3）定额中顶棚面层各子项均以每间面层在同一平面上为准编制的，按净面积计算工程量的项目套相应定额，按展开面积计算的部分套相应定额时人工应增加系数。

（4）抹灰面顶棚在计算抹灰工程量时，凡小于$0.3m^2$的孔洞及小于120mm厚的间壁墙等所占面积，均不扣减。顶棚梁（包括单梁、密肋梁和井字梁）的侧面抹灰应并入到顶棚抹灰面积内计算。

【例3-6】某大厅顶棚如图3-23，试计算顶棚装饰工程量。

【解】（1）轻钢龙骨吊顶工程量：

$$30.0 \times 15.0 = 450m^2$$

（2）石棉吸音板基层工程量：

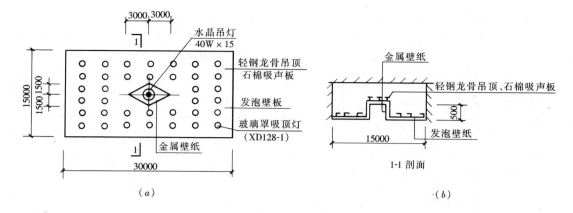

图 3-23 某大厅顶棚平面、剖面图
（a）顶棚平面图；（b）1-1 剖面图

$$30.0 \times 15.0 = 450 \text{m}^2$$

（3）贴金属壁纸面层工程量：

$$\frac{1}{2} \times 3.0 \times 3.0 \times 2 + 4 \times \sqrt{3^2 + 1.5^2} \times 0.5 = 15.71 \text{m}^2$$

（4）贴发泡壁纸面层工程量：

$$30.0 \times 15.0 - \frac{1}{2} \times 3.0 \times 3.0 \times 2 = 441 \text{m}^2$$

（四）顶棚保温层

1．计算规则

保温层按实铺面积计算。

2．说明

顶棚设置保温层能够起到吸声、防火、保温、隔热、装饰效果好等作用。常见的保温材料有玻璃棉装饰吸声板、矿棉装饰吸声板、聚苯乙烯泡沫塑料板等。

玻璃棉装饰吸声板是以玻璃棉为主要原料，加入适量胶粘剂、防潮剂、防腐剂等，经加压、烘干、表面加工等工序而制成的吊顶装饰板材。表面处理通常采用贴附具有图案花的 PVC 薄膜、铝箔，由于薄膜或铝箔具有大量开口孔隙，因而具有良好的吸声效果。

矿棉装饰吸声板又名矿棉装饰板、矿棉吸声板。矿棉装饰吸声板品种通常有滚花、浮雕、主体、印刷、自然型、米格型等多个品种；规格有正方形和长方形；尺寸有 500mm×500mm、600mm×600mm、300mm×600mm、600mm×1200mm、300mm×300mm 等，厚度 8~30mm 不等。

聚苯乙烯泡沫塑料板经混炼、模压、发泡成型而成。图案有凹凸花型、十字花型、四方花型、圆角型等多种，规格尺寸有 300mm×300mm、500mm×500mm、600mm×600mm、1200mm×600mm 等，厚度 3~20mm 不等。

（五）网架

1．计算规则

网架按水平投影面积计算。

2．说明

装饰网架顶棚一般采用不锈钢管、铜合金管等材料加工制作。

装饰网架顶棚造价较高，一般用于门厅、门廊、舞厅等需要重点装饰的部位。

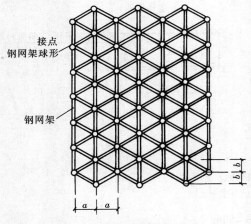

图 3-24　钢网架平面示意图

装饰网架顶棚的主要构造是网架杆件组合形式与杆件之间的连接（图3-24）。

由于装饰网架一般不是承重结构，所以杆件的组合形式主要根据装饰所要达到的装饰效果来设计布置。杆件之间的连接可采用类似于结构网架的节点球连接；也可直接焊接，然后再用与杆件材质相同的薄板包裹。

（六）其他

1. 计算规则

（1）板式楼梯底面的装饰工程量按水平投影面积乘 1.15 系数计算，梁式楼梯底面按展开面积计算。

（2）灯光槽按延长米计算。

（3）嵌缝按延长米计算。

2. 说明

（1）楼梯底部抹灰包括楼梯段底抹灰和平台底抹灰两大部分。平台指两楼梯段之间的水平板（包括斜梁、横梁）。

（2）面板的嵌缝一般有三种形式：对缝（密封）、凹缝（离缝）和盖缝（离缝）。对缝指板与板在龙骨处对接，一般是粘或钉在龙骨上，嵌缝处易产生不平现象，因此钉距应小于 200mm。如石膏板对缝可用刨子刨平。凹缝指四缝有 V 形和矩形两种，在凹缝中可刷涂颜色，也可加金属装饰板条以增加装饰效果。盖缝指板缝用小龙骨或压条盖住，可避免缝隙宽窄不均现象。

第六节　门　窗　工　程

一、定额项目划分

门窗工程定额项目按工程内容不同分为门窗制作安装、门框制作安装、门扇制作安装、门窗套、门窗贴脸、门窗筒子板、窗帘盒、窗台板、窗帘轨道、门窗五金安装等项目。同时，门窗工程按材质不同又可分为木门窗、铝合金门窗、彩板组角钢门窗、塑料门窗、钢门窗、不锈钢成品门窗等内容。

二、门窗工程量计算规则

（一）铝合金门窗、彩板组角钢门窗、塑钢门窗安装

1. 计算规则

铝合金门窗、彩板组角钢门窗、塑钢门窗安装均按洞口面积以平方米计算。纱扇制作安装按扇外围面积计算。

2. 说明

（1）上述门窗工程量均按设计门窗洞口面积计算，而不是按门窗的框外围面积计算。这

是简化工程量计算的一个处理方法,其洞口面积与框外围面积相差的工料,定额中已扣除。

(2)铝合金门窗安装的定额套用分两种情况:一是购买铝合金门窗型材进行加工,套用铝合金门窗制作安装的定额项目;二是购买铝合金成品门窗,只能套用铝合金成品门窗安装的定额项目。

(3)铝合金门窗型材换算。

建筑装饰工程预算定额中,铝合金地弹门制作型材(框料)按101.6mm×44.5mm、厚1.5mm方管制定,单扇平开门、双扇平开窗按38系列制定,推拉窗按90系列(厚1.5mm)制定。如实际采用的型材断面大小及厚度与定额取定规格不符时,可按图示尺寸乘以线密度加6%的施工损耗计算型材重量。换算公式如下:

$$门窗铝合金型材重量 = 定额铝合金型材重量 \times \frac{换入型材线密度}{原定额型材线密度} \times (1 + 6\%)$$

(4)彩板组角钢门窗简称彩板钢门窗,是以0.7~1.1mm厚的彩色镀锌卷板和4mm厚的平板玻璃或中空玻璃为主要原料,经机械加工制成的一种钢门窗。门窗四角用插接件、螺钉连接,门窗全部缝隙均用橡胶密封条和密封膏密封。

彩板组角钢门窗安装分带附框与不带附框两种,附框是指成品门窗外的一种框,它用于门窗洞口不需预先做精心粉刷的情况,待附框与墙中预埋件连接安装好后,再进行粉刷饰面洞口,最后将成品门窗安装在附框内。附框的工程量按附框周长计算。不带附框的工程量按门窗洞口面积计算。

(5)塑料门窗安装的材料用量计算,分别按塑料门、玻璃、塑料压条、密封油膏、软填料、地脚、膨胀螺栓、螺钉进行计算。

(6)钢门窗安装的材料用量计算,分别按普通钢门、铁纱、电焊条、现浇混凝土、1:2水泥砂浆、预埋铁件来计算。

(二)卷闸门安装

1.计算规则

卷闸门安装按其安装高度乘以门的实际宽度以平方米计算。安装高度算至滚筒顶点为准。带卷筒罩的按展开面积增加。电动装置安装以套计算,小门安装以个计算,小门面积不扣除。

2.计算公式

卷闸门安装工程量 = (洞口底至滚筒顶面高) × 卷闸门实际宽 + 卷筒罩展开面积

3.说明

卷闸门按其材质分为两种:一种是铝合金卷闸门,另一种是钢质卷闸门,全国统一建筑工程基础定额规定如下:卷闸门的卷筒一般均安装在洞口上方,安装实际面积要比洞口面积大,因此工程量应另行计算。根据实验测定一般卷闸门的高度要比门的高度高出600mm,这样在计算工程量时,卷闸门的面积可按以下公式来计算:

$$S_{卷闸门} = (门洞口高 + 600mm) \times 卷闸门实际宽$$

卷闸门示意图如图3-25。

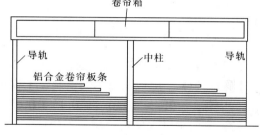

图3-25 卷闸门示意图

（三）防盗门、防盗窗、不锈钢格栅门
1. 计算规则
防盗门、防盗窗、不锈钢格栅门按框外围面积以平方米计算。
2. 计算公式
$$外框系数 = 框外围面积 \div 洞口面积$$
$$防盗门、防盗窗、不锈钢格栅门工程量 = 洞口面积 \times 外框系数$$
3. 说明
（1）通常施工图门窗明细表中标注的尺寸为门窗的洞口尺寸，预算编制时，利用门窗洞口面积计算门窗框外围面积，可以提高预算速度。
（2）金属门窗框边间隙缝宽比木门窗大，编制定额时木门窗的间隙按10mm考虑，金属门窗等按25mm考虑，无论是先塞框还是后塞框均按定额计算。

（四）成品防火门、防火卷帘门
1. 计算规则
成品防火门以框外围面积计算，防火卷帘门从地（楼）面算至端板顶点乘设计宽度。
2. 说明
（1）成品防火门工程量按门框外围面积计算。
（2）防火卷帘门工程量以m^2计算，即从地（楼）面算至端板顶点乘设计宽度。

（五）实木门、装饰门、成品门扇
1. 计算规则
实木门框制作安装以延长米计算。实木门扇制作安装及装饰门扇制作按扇外围面积计算。装饰门扇及成品门扇安装按扇计算。
2. 说明

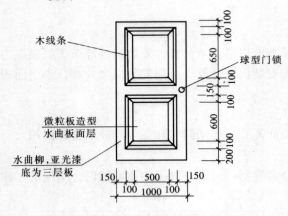

图3-26 工艺木门扇构造图

（1）实木门框制作、安装工程量按长度以延长米计算。框的制作、安装工程量必须分开计算，因为构件增值税，其计取基础是制作价格，而不是安装价格，分别计算制作、安装工程量，有利于计取构件增值税。
（2）实木门扇制作、安装工程量按扇外围面积计算。为了计取构件增值税，扇的制作、安装工程量也必须分开计算。
（3）装饰门扇制作工程量按扇外围面积计算，装饰门扇安装工程量按扇计算。
（4）成品门扇安装工程量按扇计算。

【例3-7】 某工艺木门扇构造如图3-26，共5扇。试计算工艺木门扇工程量。
【解】（1）三层板基层木门扇制作工程量：
$$(0.2 + 0.1 \times 5 + 0.6 + 0.15 + 0.65) \times 1.0 \times 5 = 2.1 \times 1.0 \times 5 = 10.5 m^2$$
（2）木门扇贴水曲板面层工程量：
$$2.1 \times 1.0 \times 2(双面) \times 5 = 21 m^2$$

（3）微粒板造型工程量：

$[(0.5+0.1\times2)\times(0.6+0.1\times2)+(0.5+0.1\times2)\times(0.65+0.1\times2)]\times5 = (0.7\times0.8+0.7\times0.85)\times5$
$= 1.155\times5 = 5.78m^2$

（4）木线条造型工程量：

$[(0.7\times4)+(0.8\times2)+(0.85\times2)]\times5 = 6.1\times5 = 30.5m$

（5）木门扇安装工程量：5 扇

（六）窗台板

1. 计算规则

窗台板按实铺面积计算。

2. 说明

（1）木窗台板的工程量，按板的长度尺寸乘板的宽度尺寸以实铺面积计算。若图纸未注明尺寸，长度可按窗框的外围宽度两端共加 10cm 计算，凸出墙面的宽度按墙厚加 5cm 计算。

（2）窗台板指窗台面上突出墙面的平板，是为增加窗洞的美观常采用的一种窗洞口装饰方式，一般是在窗台部分用砖平砌，并突出墙面，或者用预制钢筋混凝土板平放在窗台面上，或者用木板平放在窗台面上。它的作用是引导窗台面上的雨水流向墙外，并能起到保护台面整洁的作用，所以外窗台一般都略向外倾斜。

（七）其他

1. 计算规则

（1）木门扇皮制隔声面层和装饰板隔声面层，按单面面积计算。

木质装饰板的种类很多，建筑工程中常用的有薄木贴面板、胶合板、纤维板、刨花板、细木工板等。

（2）不锈钢片包门框、门窗套、花岗石门套、门窗筒子板按展开面积计算。门窗贴脸、窗帘盒、窗帘轨按延长米计算。

这种一般多用于现代装饰工程中的不锈钢薄板装饰面，按实际所包面积展开计算。

（3）电子感应门及转门按定额尺寸以樘计算。

（4）不锈钢电动伸缩门以樘计算。

2. 说明

（1）不锈钢片包门框：指的是将门框的木材表面，用不锈钢片包护起来，增加门的美观，还可免受火种直接烧烤。在包不锈钢片前，可以根据需要铺衬毛毡或石棉板，以增强防火能力，也可以不铺衬其他东西只包钢片。

不锈钢片包门框工程量按不锈钢片的展开面积计算。

（2）门窗套：指沿门窗框一周与墙面接触的装饰板（条）。

门窗套工程量按套装饰板的展开面积计算。

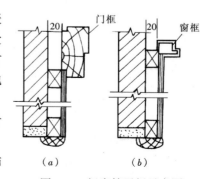

图 3-27 门窗筒子板示意图
（a）门樘筒子板；（b）窗樘筒子板

(3) 门窗筒子板：设置在室内门窗洞口处，沿内墙面方向的侧壁、顶壁装钉的装饰板，又称堵头板。门窗筒子板如图 3-27 所示。

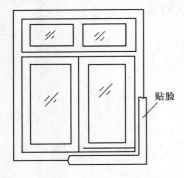

图 3-28 门窗贴脸示意图

门窗筒子板工程量按筒子装饰板的展开面积计算。

(4) 门窗贴脸：指内墙面上，盖住门窗框与洞口之间缝隙的条子，其作用是整洁、防止通风，一般用于高级装修，另外当两扇门窗关闭时，也存有缝口，为遮盖此缝口而装钉的木板盖缝条叫盖口条，他装钉在先行开启的一扇门窗上，主要用于遮风挡雨。门窗贴脸如图 3-28 所示。

门窗贴脸的工程量按实际长度计算，若图纸中未标明尺寸时，门窗贴脸按门窗外围的长度计算。

(5) 窗帘盒：指为了装饰，用来安装窗帘棍、滑轮、拉线的木盒子。窗帘盒有明、暗两种。明窗帘盒是成品或半成品在施工现场加工安装制成，如图 3-29。暗窗帘盒一般是在房间吊顶装修时，留出窗帘空位，并与吊顶一起完成，如图 3-30，只需在吊顶临窗处安装窗帘轨道即可。轨道有单轨和双轨之分。

窗帘盒带棍和单独窗帘棍的工程量，均按实际长度计算。若设计图纸未注明尺寸，可按窗框外围宽度两端加 30cm 计算。

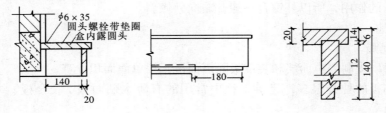

图 3-29 单轨明窗帘盒示意图

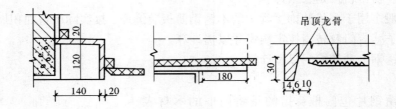

图 3-30 单轨暗窗帘盒示意图

第七节 油漆、涂料、裱糊工程

一、定额项目划分

油漆、涂料、裱糊工程定额项目包括木材面油漆、金属面油漆和抹灰面油漆，涂料按涂刷部位不同分为顶棚面、墙面、柱面、梁面等涂料分项，裱糊按所用材料不同分为墙纸、金属壁纸、织锦缎等项目。

二、油漆、涂料、裱糊工程量计算规则

（一）喷涂、油漆、裱糊

1．计算规则

楼地面、顶棚、墙、柱、梁面的喷（刷）涂料、抹灰面油漆及裱糊工程，均按表3-2相应计算规则计算。

抹灰面油漆、涂料、裱糊 表3-2

项　目　名　称	系　数	工程量计算方法
混凝土楼梯底（板式）	1.15	水平投影面积
混凝土楼梯底（梁式）	1.00	展开面积
混凝土花格窗、栏杆花饰	1.82	单面外围面积
楼地面、顶棚、墙、柱、梁面	1.00	展开面积

2．说明

（1）抹灰面油漆、涂料、裱糊工程量计算方法以及工程量乘系数，按表3-2中相应计算规则计算。

（2）混凝土板式楼梯底面的油漆、涂料、裱糊工程量，按楼梯水平投影面积计算后乘以表3-2中系数，套用相应定额子目。

（3）混凝土梁式楼梯底面的油漆、涂料、裱糊工程量，按楼梯展开面积计算后套用相应定额子目。

（4）混凝土花格窗、栏杆花饰的油漆、涂料、裱糊工程量，按单面外围面积计算后乘以表3-2中系数，套用相应定额子目。

（5）楼地面、顶棚、墙、柱、梁面的油漆、涂料、裱糊工程量，按展开面积计算后套用相应定额子目。

（二）木材面油漆

1．计算规则

木材面油漆的工程量分别按表3-3、表3-4、表3-5、表3-6相应的计算规则计算。

执行木门定额工程量系数表 表3-3

项　目　名　称	系　数	工程量计算方法
单层木门	1.00	按单面洞口面积计算
双层（一玻一纱）木门	1.36	
双层（单裁口）木门	2.00	
单层全玻门	0.83	
木百叶门	1.25	

执行木窗定额工程量系数表 表3-4

项　目　名　称	系　数	工程量计算方法
单层玻璃窗	1.00	按单面洞口面积计算
双层（一玻一纱）木窗	1.36	
双层框扇（单裁口）木窗	2.00	
双层框三层（二玻一纱）木窗	2.60	
单层组合窗	0.83	
双层组合窗	1.13	
木百叶窗	1.50	

执行木扶手定额工程量系数表　　　　　　　　　　　　表 3-5

项 目 名 称	系 数	工程量计算方法
木扶手（不带托板）	1.00	按延长米计算
木扶手（带托板）	2.60	
窗帘盒	2.04	
封檐板、顺水板	1.74	
挂衣板、黑板框、单独木线条 100mm 以外	0.52	
挂镜线、窗帘棍、单独木线条 100mm 以内	0.35	

执行其他木材面定额工程量系数表　　　　　　　　　　　　表 3-6

项 目 名 称	系 数	工程量计算方法
木板、纤维板、胶合板顶棚	1.00	长×宽
木护墙、木墙裙	1.00	
窗台板、筒子板、盖板、门窗套、踢脚线	1.00	
清水板条顶棚	1.07	
木方格吊顶顶棚	1.20	
吸音板墙面、顶棚面	0.87	
暖气罩	1.28	
木间壁、木隔断	1.90	单面外围面积
玻璃间壁露明墙筋	1.65	
木栅栏、木栏杆（带扶手）	1.82	
衣柜、壁柜	1.00	按实刷展开面积
零星木装修	1.10	展开面积
梁柱饰面	1.00	展开面积

2．说明

（1）木材面油漆工程量计算方法以及工程量乘系数，按表 3-3～表 3-6 中相应计算规则计算。

（2）执行木门定额。执行木门定额的项目包括单层木门、双层（一玻一纱）木门、双层（单裁口）木门、单层全玻门、木百叶门，其工程量均按单面洞口面积计算，再乘以表 3-3 中系数，然后套用单层木门油漆定额。

（3）执行木窗定额。执行木窗定额的项目包括单层玻璃窗、双层（一玻一纱）木窗、双层框扇（单裁口）木窗、双层框三层（二玻一纱）木窗、单层组合窗、双层组合窗、木百叶窗，其工程量均按单面洞口面积计算，再乘以表 3-4 中系数，然后套用单层玻璃窗油漆定额。

（4）执行木扶手定额。执行木扶手定额的项目包括木扶手（不带托板）、木扶手（带托板）、窗帘盒、封檐板、顺水板、挂衣板、黑板框、单独木线条 100mm 以外、挂镜线、窗帘棍、单独木线条 100mm 以内，其工程量均按延长米计算，再乘以表 3-5 中系数，然后套用木扶手油漆定额。

（5）执行其他木材面定额。执行其他木材面定额的项目包括木板、纤维板、胶合板顶棚、木护墙、木墙裙、窗台板、筒子板、盖板、门窗套、踢脚线、清水板条顶棚、木方格吊顶顶棚、吸声板墙面、顶棚面、暖气罩、木间壁、木隔断、玻璃间壁露明墙筋、木栅栏、木栏杆（带扶手）、衣柜、壁柜、零星木装修、梁柱饰面。

木板、纤维板、胶合板顶棚、木护墙、木墙裙、窗台板、筒子板、盖板、门窗套、踢脚线、清水板条顶棚、木方格吊顶顶棚、吸声板墙面、顶棚面、暖气罩这些项目的油漆工程量，均按油漆对象的长×宽计算面积，再乘以表3-5中系数，然后套用其他木材面油漆定额。

木间壁、木隔断、玻璃间壁露明墙筋、木栅栏、木栏杆（带扶手）这些项目的油漆工程量，均按单面外围面积计算，再乘以表3-6中系数，然后套用其他木材面油漆定额。

衣柜、壁柜的油漆工程量，按实刷展开面积计算，套用其他木材面油漆定额。

零星木装修的油漆工程量，按展开面积计算，再乘以表3-6中系数，然后套用其他木材面油漆定额。

梁柱饰面的油漆工程量，按展开面积计算，套用其他木材面油漆定额。

（三）金属面油漆

金属构件油漆的工程量按构件重量计算。

（四）刷防火涂料

计算规则

（1）定额中的隔墙、护壁、柱、顶棚木龙骨及木地板中木龙骨带毛地板，刷防火涂料工程量计算规则如下：

1）隔墙、护壁木龙骨按其面层正立面投影面积计算。

2）柱木龙骨按其面层外围面积计算。

3）顶棚木龙骨按其水平投影面积计算。

4）木地板中木龙骨及木龙骨带毛地板按地板面积计算。

（2）隔墙、护壁、柱、顶棚面层及木地板刷防火涂料，执行其他木材面刷防火涂料相应子目。

（五）木楼梯油漆

1．计算规则

木楼梯（不包括底面）油漆，按水平投影面积乘以2.3系数，执行木地板相应子目。

2．说明

木楼梯因具有上面、下面和侧面，油漆需考虑整个楼梯的上、下、侧面油漆，其面积应按水平投影面积乘以系数2.3即为楼梯的上面、侧面油漆（不含底面油漆）。

第八节 其 他 工 程

一、定额项目划分

其他工程定额项目包括招牌基层、招牌面层、灯箱基层、灯箱面层、美术字、压条、装饰线条、暖气罩、镜面玻璃、货架、柜类以及各类拆除等。

二、其他工程量计算规则

（一）计算规则

（1）招牌、灯箱。

1）平面招牌基层按正立面面积计算，复杂的凹凸造型部分亦不增减。

2）沿雨篷、檐口或阳台走向的立式招牌基层，按平面招牌复杂型执行时，应按展开面积计算。

3）箱体招牌和竖式标箱的基层，按外围体积计算。突出箱外的灯饰、店徽及其他艺术装潢等均另行计算。

4）灯箱的面层按展开面积以平方米计算。

5）广告牌钢骨架以吨计算。

(2) 美术字安装按字的最大外围矩形面积以个计算。

(3) 压条、装饰线条均按延长米计算。

(4) 暖气罩（包括脚的高度在内）按边框外围尺寸垂直投影面积计算。

(5) 镜面玻璃安装、涮洗室木镜箱以正立面面积计算。

(6) 塑料镜箱、毛巾环、肥皂盒、金属帘子杆、浴缸拉手、毛巾杆安装以只或副计算。不锈钢旗杆以延长米计算。大理石洗漱台以台面投影面积计算（不扣除孔洞面积）。

(7) 货架、柜橱类均以正立面的高（包括脚的高度在内）乘以宽以平方米计算。

(8) 收银台、试衣间等以个计算，其他以延长米为单位计算。

(9) 拆除规划厂量按拆除面积或长度计算，执行相应子目。

(二) 说明

(1) 平面招牌：指安装在门前墙面上的招牌。

(2) 箱体招牌：指水平挂在墙柱上的六面体招牌。

(3) 竖式标箱：指竖立挂在墙柱上的六面体招牌。

(4) 一般招牌和矩形招牌：指正立面平整无凸面的招牌。

(5) 复杂招牌和异形招牌：指正立面有凹凸造型的招牌。

(6) 招牌的灯饰均不包括在定额内。

(7) 钢骨架：指采用角钢焊制而成的框架。在悬挑结构较长的台架中，较多采用钢骨架。

(8) 美术字安装。

1）美术字均以成品安装固定为准。

2）美术字不分字体均执行装饰定额。

美术字通常有两种固定方法，一是固定于雨篷式招牌或其他悬挑装饰造型面上；二是直接固定于墙体上。

(9) 装饰线条。

1）木装饰线、石膏装饰线均以成品安装为准。

2）石材装饰线条均以成品安装为准。石材装饰线条磨边、磨圆角均包括在成品的单价中，不再另计。

3）装饰线条以墙面上直线安装为准，如顶棚安装直线型、圆弧型或其他图案者，按以下规定计算：

(a) 顶棚面安装直线装饰线条，人工乘以 1.34 系数。

(b) 顶棚面安装圆弧装饰线条，人工乘以 1.6 系数，材料乘以 1.1 系数。

(c) 墙面安装圆弧装饰线条，人工乘以 1.2 系数，材料乘以 1.1 系数。

(d) 装饰线条做艺术图案者，人工乘以 1.8 系数，材料乘以 1.1 系数。

压条、装饰线条主要包括铝合金线条、木线条、铝合金压条、镁铝压条、不锈钢压条等。

第九节 装饰装修脚手架及项目成品保护费

一、定额项目划分

装饰装修脚手架及项目成品保护费定额项目主要包括两部分：一是装饰脚手架，其内容包括满堂脚手架、外脚手架、内墙面粉饰脚手架、安全过道、封闭式安全笆、斜挑式安全笆、满挂安全网；二是项目成品保护费，其内容包括楼地面、楼梯、台阶、独立柱、内墙面等保护。

二、装饰装修脚手架及项目成品保护费工程量计算规则

（一）装饰装修脚手架

1．计算规则

（1）满堂脚手架，按实际搭设的水平投影面积计算，不扣除附墙柱、柱所占的面积，其基本层高以3.6m以上至5.2m为准。凡超过3.6m、在5.2m以内的顶棚抹灰及装饰装修，应计算满堂脚手架基本层；层高超过5.2m，每增加1.2m计算一个增加层，增加层的层数＝（层高－5.2m）÷1.2m，按四舍五入取整数。室内凡计算了满堂脚手架者，其内墙面粉饰不再计算粉饰架，只按每100m² 墙面垂直投影面积增加改架工1.28工日。

（2）装饰装修外脚手架，按外墙的外边线长乘墙高以平方米计算，不扣除门窗洞口的面积。同一建筑物各面墙的高度不同，且不在同一定额步距内时，应分别计算工程量。定额中所指的檐口高度为5~45m，系指建筑物自设计室外地坪面至外墙顶点或构筑物顶面的高度。

（3）利用主体外脚手架改变其步高作外墙面装饰架时，按每100m² 外墙面垂直投影面积，增加改架工1.28工日；独立柱按柱周长增加3.6m乘柱高套用装饰装修外脚手架相应高度的定额。

（4）内墙面粉饰脚手架，均按内墙面垂直投影面积计算，不扣除门窗洞口的面积。

（5）安全过道按实际搭设的水平投影面积（架宽×架长）计算。

（6）封闭式安全笆按实际封闭的垂直投影面积计算。实际用封闭材料与定额不符时，不作调整。

（7）斜挑式安全笆按实际搭设的（长×宽）斜面面积计算。

（8）满挂安全网按实际满挂的垂直投影面积计算。

2．说明

（1）满堂脚手架

凡顶棚高度超过3.6m需要抹灰或刷油者，应计算满堂脚手架，工程量按室内净面积计算。满堂脚手架的高度，底层以设计室外地坪算至顶棚底为准，楼层以楼面至顶棚底为准，即净高（斜形屋面板以平均高度计算）。吊顶顶棚的楞木施工高度超过3.6m，而顶棚面层的高度未超过3.6m，应按楞木施工高度计算室内净高。

凡顶棚高度超过3.6~5.2m以内的顶棚抹灰及装饰装修，计算满堂脚手架基本层；凡层高超过5.2m者，每增加1.2m计算一个增加层，增加层层数计算公式为：

$$增加层层数 = \frac{层高 - 5.2}{1.2}（按四舍五入取整）$$

满堂脚手架的费用为满堂脚手架基本层费用与满堂脚手架增加层费用之和。室内净高在3.6m以下（含3.6m）的装饰脚手架在装饰工程定额内已考虑了简易脚手架的搭拆，脚手架的搭拆费已列入定额之中。

一般情况下，混凝土、钢筋混凝土带形基础底宽超过1.2m（包括工作面宽度，下同）、深度超过1.5m，满堂基础及独立基础底面积超过$4m^2$、深度超过1.5m，均按水平投影面积套用满堂脚手架费用乘以0.5计算。

（2）外墙装饰脚手架

外墙装饰脚手架的面积是按外墙外边线的垂直面积取定。其中高应从室外地坪至墙顶，长应算至外墙转折点，若有外突超过一砖的垛时，应按突出尺寸的双倍乘以垛数加入到墙长内计算。其计算公式为：

外墙装饰脚手架 = 建筑物外墙外边线长 × 外墙面高

建筑物高度不同时，先根据不同高度算出外墙建筑面积，根据外墙建筑面积来计算脚手架的工程量，然后套用相应的外脚手架定额。建筑物高度在15m以内者，可按单排或双排脚手架计算；建筑物高度在15~30m者，则只能按双排脚手架计算。

独立柱装饰脚手架，按柱周长增加3.6m乘柱高计算工程量，执行装饰装修外脚手架相应高度的定额。

（3）内墙面装饰脚手架

内墙面装饰脚手架工程量均按内墙面垂直投影面积计算，即以内墙净长乘以内墙净高计算。有山尖者算至山尖1/2处的高度；有地下室时，自地下室室内地坪至墙顶面高度。不扣除门窗洞口的面积（因门窗洞口处仍需搭设脚手架）。

内墙面装饰脚手架一般都是按里脚手架来考虑。当内墙面装饰脚手架采用了满堂脚手架时，就不能重复计算内墙抹灰用里脚手架，因为满堂脚手架代替了内墙抹灰用的里脚手架。如果顶棚不需抹灰或刷油者，则不应考虑满堂脚手架，这时可直接计算内墙抹灰用里脚手架。

（4）安全过道

安全过道即水平防护架，是沿水平方向在一定高度搭设的脚手架，上面满铺脚手板，下面可为人行通道，车辆通道等。搭设水平防护架的目的主要为防止建筑物上材料落下伤人，多为临界物临界一面或建筑物的一些主要通道搭设的。

（5）封闭式安全笆

封闭式安全笆亦称建筑物垂直封闭，同时也叫架子封席，它是在临街的高层建筑物施工中，采用竹席进行外架全封闭，其作用是防止建筑材料及其他物品坠落伤及行人或妨碍交通，并且竹席还具有防风作用，减少了灰性材料的损失，也相对减轻了环境污染。

（6）满挂安全网

为确保施工安全，里脚手架砌外墙时，要沿着墙外架设安全网。使用于多层、高层建筑的外脚手架也要架设安全网。

安全网按实际满挂的垂直投影面积计算。架网部分实挂长度：横向架设的安全网两端的外边缘之间长度。架网部分实挂高度：从安全网搭设的最下部分网边绳到最上部分网边绳的高度。

（二）项目成品保护费

项目成品保护工程量计算规则按各章节相应子目规则执行。

成品保护具体包括：楼地面、楼梯、台阶、独立柱、内墙面等保护。其材料包括：麻袋、胶合板3mm、彩条纤维布、其他材料费（占材料费）等。

第十节 垂直运输及超高增加费

一、定额项目划分

垂直运输及超高增加费定额项目主要包括两部分内容：一是垂直运输费；二是超高增加费。

二、垂直运输及超高增加费工程量计算规则

（一）垂直运输工程量

1. 计算规则

装饰装修楼层（包括楼层所有装饰装修工程量）区别不同垂直运输高度（单层建筑物系檐口高度）按定额工日分别计算。

地下层超过二层或层高超过3.6m时，计取垂直运输费，其工程量按地下层全面积计算。

2. 计算公式

$$\begin{matrix}\text{单层建筑物} \\ \text{垂直运输台班}\end{matrix} = \begin{matrix}\text{装饰装修项目} \\ \text{定额用工量}\end{matrix} \times \begin{matrix}\text{按檐口高度选定的} \\ \text{定额台班消耗量}\end{matrix}$$

$$\begin{matrix}\text{多层建筑物} \\ \text{垂直运输台班}\end{matrix} = \begin{matrix}\text{装饰装修项目} \\ \text{定额用工量}\end{matrix} \times \begin{matrix}\text{按檐口高度和垂直运输高度} \\ \text{选定的定额台班消耗量}\end{matrix}$$

3. 说明

（1）檐口高度在3.6m以内的单层建筑物，不计算垂直运输费。

（2）再次装饰装修时，利用电梯进行垂直运输或通过楼梯使用人力进行垂直运输者，按实计算垂直运输费。

（3）垂直运输设施是指包括塔吊在内的担负垂直输送材料和供施工人员上下的机械设备和设施。

（二）超高增加费工程量

1. 计算规则

装饰装修楼面（包括楼层所有装饰装修工程量）区别不同的垂直运输高度（单层建筑物系檐口高度）以人工费与机械费之和按元分别计算。

2. 计算公式

$$\begin{matrix}\text{建筑物超} \\ \text{高增加费}\end{matrix} = \begin{matrix}\text{装饰装修项目} \\ \text{人工费与机械费之和}\end{matrix} \times \begin{matrix}\text{按檐口高度和垂直运输高度} \\ \text{选定的人工、机械降效系数}\end{matrix}$$

3. 说明

（1）本定额适用于建筑物檐高20m（层数6层）以上的工程。

（2）超高建筑物，是指建筑物的设计檐口高度超过定额规定的极限高度（檐高20m，层数6层以上），并规定檐口高度在20m以上的单层或多层、工业或民用建筑物，均可计算超高增加费。

(3) 檐高是指设计室外地坪至檐口的高度。突出主体建筑屋顶的电梯间、水箱等不计入檐高之内。

(4) 各项降效系数中包括的内容指建筑物基础以上的全部工程项目，但不包括垂直运输、各类构件的水平运输及各项脚手架。

1) 人工降效按规定内容中的全部人工费乘以定额系数计算。
2) 吊装机械降效按（基础定额）吊装项目中的全部机械费乘以定额系数计算。
3) 其他机械降效按规定内容中的全部机械费（不包括吊装机械）乘以定额系数计算。

思 考 题

1. 什么叫工程量？
2. 建筑装饰工程量计算时有哪些注意事项？
3. 什么是建筑面积？它有何作用？
4. 怎样计算高低连跨建筑物的建筑面积？
5. 楼地面装饰面层工程量计算时应考虑哪些因素？
6. 螺旋楼梯装饰面积计算公式是怎样的？
7. 怎样计算栏杆、栏板、扶手工程量？
8. 外墙面装饰抹灰面积怎样计算？
9. 柱饰面面积怎样计算？
10. 隔断工程量怎样计算？
11. 吊顶顶棚龙骨工程量怎样计算？
12. 顶棚基层工程量怎样计算？
13. 顶棚装饰面层工程量怎样计算？
14. 铝合金门窗安装工程量怎样计算？
15. 卷闸门安装工程量怎样计算？
16. 实木门框、扇制作、安装工程量怎样计算？
17. 抹灰面油漆、涂料、裱糊工程量怎样计算？
18. 金属构件油漆工程量怎样计算？
19. 木材面油漆工程量怎样计算？
20. 招牌、灯箱工程量怎样计算？
21. 装饰装修外脚手架怎样计算？
22. 项目成品保护费怎样计算？
23. 垂直运输工程量怎样计算？
24. 超高增加费工程量怎样计算？

第四章 建筑装饰工程直接工程费计算

第一节 直接工程费的构成与计算

一、直接工程费的构成

直接工程费是指直接消耗在建筑装饰工程施工过程中，有助于工程形成、构成工程实体的人工、材料、机械的费用总称。它包括人工费、材料费、施工机械使用费，它是建筑装饰工程费用中的一项基本费用。

（一）人工费

人工费是指直接从事建筑装饰工程施工的生产工人、现场运输等辅助工人和附属生产工人开支的各项费用的总称。构成人工费的基本要素有两个，即人工工日消耗量和人工工资单价。

1. 建筑装饰工程预算定额中的人工工日消耗量

预算定额中人工工日消耗量是指在正常施工生产条件下，生产单位建筑装饰产品（分项工程或装饰配件）必须消耗的某种技术等级的人工工日数量。它由分项工程所综合的各个工序的基本用工、其他用工以及人工幅度差三部分组成。

2. 生产工人的日工资单价

生产工人的日工资单价包括基本工资、工资性补贴、生产工人辅助工资、职工福利费、生产工人劳动保护费等费用。

对材料采购、保管、运输人员，机械操作人员，项目施工管理人员的工资，在人工费中不包括，分别计入其他相关的费用中。

（二）材料费

材料费是指直接消耗在施工生产上构成工程实体的原材料、辅助材料、构配件、零件、半成品、成品的费用和周转性材料的摊销（或租赁）等费用的总称。构成材料费的三个基本要素是材料消耗量、材料基价、检验试验费。

1. 材料定额消耗量

预算定额中的材料消耗量是指在合理和节约使用材料的条件下，生产单位建筑装饰产品（分项工程或装饰配件）必须消耗的一定品种规格的材料、半成品、构配件等的数量标准。它包括材料净耗量和材料不可避免的损耗量。

2. 材料基价

材料基价一般包括：供应价（或原价）、运杂费、运输损耗费，采购及保管费。

3. 检验试验费

检验试验费是指对建筑材料、构件和建筑安装物进行一般鉴定、检查所发生的费用，包括自设试验室进行试验所耗用的材料和化学药品等费用。不包括新结构、新材料的试验费和建设单位对具有出厂合格证明的材料进行检验，对构件做破坏性试验及其他特殊要求检验试验的费用。

材料费中不包括施工机械、运输工具使用或修理过程中的动力、燃料和材料等费用，以及组织和管理项目施工生产所搭设的大小临时设施耗用的材料等费用。

（三）施工机械使用费

施工机械使用费是指使用施工机械进行作业所发生的机械使用费以及机械安、拆费和进出场费用等。构成施工机械使用费的基本要素是机械台班消耗量和机械台班单价。

1. 预算定额中的机械台班消耗量

预算定额中的机械台班消耗量是指在正常施工生产条件下，生产单位建筑装饰产品（分项工程或装饰配件）必须消耗的某类型号施工机械的台班数量。它由分项工程综合的有关工序施工定额确定的机械台班消耗量以及机械幅度差组成。

2. 机械台班单价

机械台班单价一般包括折旧费、大修理费、经常修理费、安拆费和场外运输费、人工费、燃料动力费、运输机械养路费及车船使用税七项费用。

在施工机械使用费中，不包括施工企业、项目经理经营管理及实行独立经济核算的加工厂等所需要的各种机械的费用。

二、直接工程费的计算

直接工程费是根据施工图纸、工程量计算规则、建筑装饰工程预算定额等资料计算出的各分项工程量，分别乘以预算定额中的预算基价，计算出分项工程直接工程费；或根据施工图计算出的各分项工程量，分别乘以预算定额中的人工、材料和机械台班消耗量，再乘以当时、当地的人工单价、各种材料单价、机械台班单价，计算出分项工程直接工程费。

直接工程费的计算公式为：

直接工程费 = 人工费 + 材料费 + 机械费 = Σ（分项工程量 × 相应子目预算定额基价）

其中：

人工费 = Σ（分项工程工程量 × 相应预算定额基价中的人工费）

材料费 = Σ（分项工程工程量 × 相应预算定额基价中的材料费）+ 检验试验费

施工机械使用费 = Σ（分项工程工程量 × 相应预算定额基价中的机械使用费）

或

直接工程费 = Σ（分项工程工程量 × 人工定额消耗量 × 日工资单价）

　　　　　　+ [Σ（分项工程工程量 × 材料定额消耗量 × 材料基价）+ 检验试验费]

　　　　　　+ Σ（分项工程工程量 × 机械定额台班消耗量 × 机械台班单价）

【例 4-1】 某会客室装饰工程，地面铺巴西黑花岗石板 128.4m^2，顶棚基层贴胶合板 128.9m^2，柱面贴镜面玻璃 25.6m^2，全玻璃幕墙 65.8m^2。求出各分项工程的直接工程费及其人工费、材料费和机械费。

【解】 （1）查 2003 年某市《建筑装饰工程预算定额》

1）地面铺花岗石板，定额编号 BA0008：人工费为 6.578 元/m^2，材料费为 4.803 元/m^2（花岗石板未计价），机械费为 0.193 元/m^2。

2）顶棚基层贴胶合板，定额编号 BB0150：人工费为 1.586 元/m^2，材料费为 16.494 元/m^2，机械费为 1.432 元/m^2。

3）柱面贴镜面玻璃，定额编号 BB0155：人工费为 4.365 元/m²，材料费为 53.939 元/m²，无机械费。

4）全玻璃幕墙，定额编号 BB0246：人工费为 56.056 元/m²，材料费为 420.174 元/m²，机械费为 5.394 元/m²。

（2）确定未计价材料消耗量及未计价材料单价

定额编号 BA0008，花岗石板定额消耗量为 1.02m²/m²。

查当地造价信息价：15mm 厚巴西黑花岗石（A 级）：850 元/m²。

（3）计算以上 4 个分项工程人工费、材料费、机械费和直接工程费

人工费 = 128.4m² × 6.578 元/m² + 128.9m² × 1.586 元/m² + 25.6m² × 4.365 元/m² + 65.8m² × 56.056 元/m² = 4849.28 元

材料费 = 128.4m² × 4.803 元/m² + 128.9m² × 16.494 元/m² + 25.6m² × 53.939 元/m² + 65.8m² × 420.174 元/m² = 31771.07 元

未计价材料费 = 128.4m² × 1.02m²/m² × 850 元/m² = 111322.80 元

机械费 = 128.4m² × 0.193 元/m² + 128.9m² × 1.432 元/m² + 65.8m² × 5.394 元/m² = 564.29 元

直接工程费 = 4849.28 元 + 31771.07 元 + 111322.80 元 + 564.29 元
= 148507.44 元

在计算直接工程费时应该注意以下几点：

（1）分项工程项目是选套定额计价项目的依据。填写分项工程项目内容时，必须在熟悉施工图和定额项目划分的前提下，清楚界定文字。

（2）定额编号必须与基价相对应。凡经过调整或换算过的定额基价，应在调价的定额编号后，加"调"或"换"字，以示区别。采用补充定额的基价，应自行编号，并将补充定额的单位估价表作为附件，编入预（结）算书内。

（3）定额计量单位是定额基价的单位产品量。必须保证"计量单位"与"工程量"两栏协调一致。

（4）整个装饰工程的直接工程费和人工费、机械费，是调整价差及计算其他各项费用的基础。因此，直接工程费计算的精确度，影响到整个工程预算费用的准确性。

第二节　工料机分析及汇总

在工程建设的经济管理工作中，合理地分析、确定人工及各种材料、机械台班的消耗数量，不仅是制定定额的基础，也是编制预算的主要内容。

一、工料机分析表的作用

工料机分析，也称定额指标分析，是指按照定额指标和相应工程量，列表分析计算单位工程人工、材料、机械台班消耗量的方法。工料机分析的主要作用有：

（1）工料机分析是确定工程预算造价的依据。在预算编制中，以现行价格来计算装饰人工费、主材费、机械费，就必须以人工耗量、主材耗量、机械台班耗量为计算基础；人工价差、材料价差、机械台班价差列入预算时，也必须分析出人工、材料、机械台班定额消耗量。

(2) 工料机分析是加强企业管理的依据。企业进行经济核算、劳动力调配、贯彻限额领料、进行机械租赁和机械调配等，都必须以分析计算出的人工、材料、机械台班消耗量为基础。

(3) 工料机分析是签订承建合同的依据。工程承包中，确定人工、材料、机械价差补贴、甲方供料清单等，都必须以消耗量为准。

因此，工料机分析对核定工程投资、加强企业管理等，具有重要的实用意义。

二、工料机分析表的编制

工料机分析的基本资料，包括施工图、工程预算表、定额三大主要内容。施工图表明建设内容，工程预算表提供了分项工程项目划分内容、定额编号及其相应的工程量，而定额反映了各分项工程项目的人工、材料、机械台班的单位消耗量。

工料机分析的基本计算公式为

$$分项工程人工消耗量 = \Sigma（分项工程工程量 \times 人工定额消耗量）$$
$$分项工程材料消耗量 = \Sigma（分项工程工程量 \times 材料定额消耗量）$$
$$分项工程机械台班的消耗量 = \Sigma（分项工程工程量 \times 机械台班定额消耗量）$$

为了便于计算和校核，常采用列表计算的方法。表格形式参见表 4-1 所示。

工 料 机 分 析 表　　　　　　　　　　　　　　　　　　表 4-1

序号	定额编号	项目名称	工程量	计量单位	人工（工日）		水泥（kg）		钢材（kg）		木材（m³）		机械（台班）	
					定额	耗量	定额	耗量	定额	耗量	定额	耗量	定额	耗量

采用列表形式进行工料机分析的步骤和方法为：

(1) 将工程预算表中有关项目抄列入工料机分析表中。主要是将工程预算表中定额编号、项目名称、计量单位及工程量等内容，如实填写在工料机分析表中（参见表 4-3）。

(2) 确定应分析人工、材料、机械的种类和计量单位，填入工料机分析表的横列"名目"栏内。一般要分析的内容有人工耗量、"三材"、主材、大宗材料等，应根据工程内容及企业需要决定。

(3) 填写定额指标数。由定额查出各项目有关材料的定额指标数，填入表格的定额栏内。要注意材料计量单位的统一。

(4) 分项计算各项目的消耗量（即：工程量×定额消耗量指标）。

(5) 相同品种材料的汇总（消耗量的纵向累加）。

(6) 分项列出主材明细表、甲供料清单、自备材料清单等（表 4-2）。

建筑装饰材料、构配件设备明细表　　　　　　　　　　　表 4-2

序号	材料、构配件	规格	单位	数量	备注

填写工料机分析表时，应注意以下几点：

1) 按工料机分析表计算出的材料消耗量，已包含了损耗量，不能再考虑系数。

2）材料分析应以原材料为准。凡定额中的半成品，均应折算为原材料。例如：各种混凝土应换算为碎石、砂、水泥等；各种砂浆换算为水泥、石灰、砂等原材料。石灰膏应折算为生石灰。

3）计算精度。工料分析表中各项数据的计算精度要与定额指标相一致，而汇总数、明细表内可取整数。

4）定型构件、配件及器具成品等，可不列入工料分析表中，而依据施工图进行分类统计，列出详细规格的明细表。

【例 4-2】 某室内装饰工程楼地面铺设西丽红花岗石（600mm×600mm），工程量为 150m²，试按预算定额指标分析计算人工、材料的消耗量。

【解】 （1）查 2002 年《全国统一建筑装饰装修工程消耗量定额》，定额编号 1-008，定额工日 0.253 工日/m²，定额材料消耗量为：

花岗石饰面 1.02m²/m²
白水泥　　　0.103kg/m²
棉纱头　　　0.01kg/m²
锯木屑　　　0.006m³/m²
　水　　　　0.026m³/m²
素水泥浆　　0.001m³/m²
　其中：32.5 级水泥　0.001m³/m² × 1539kg/m³ = 1.539kg/m²
　　　　水　　　　　　0.001m³/m² × 0.52m³/m³ = 0.00052m³/m²
水泥砂浆 1:3　　0.0303m³/m²
　其中：32.5 级水泥　0.0303m³/m² × 465kg/m³ = 14.0895kg/m²
　　　　特细砂　　　　0.0303m³/m² × 1.488t/m³ = 0.0451t/m²
　　　　水　　　　　　0.0303m³/m² × 0.3m³/m³ = 0.0091m³/m²
石料切割锯片　　0.0042 片/m²
灰浆搅拌机 200L　0.0052 台班/m²
石料切割机　　　0.0201 台班/m²

（2）计算如下：

1）人工消耗量　150m² × 0.253 工日/m² = 37.95 工日
2）花岗石饰面　150m² × 1.02m²/m² = 153m²
3）白水泥　　　150m² × 0.103kg/m² = 15.45kg
4）棉纱头　　　150m² × 0.01kg/m² = 1.5kg
5）锯木屑　　　150m² × 0.006m³/m² = 0.9m³
6）水　　　　　　　　　　　素水泥浆　1:3 水泥砂浆
　　　150m² × （0.00052m³/m² + 0.0091m³/m²）= 1.443m³
7）32.5 级水泥　　　　　素水泥浆　1:3 水泥砂浆
　　　150m² × （1.539kg/m² + 14.0895kg/m²）= 2344.28kg
8）特细砂　　　　　　　　　　　　1:3 水泥砂浆
　　　150m² × 0.0451t/m² = 6.76t
9）石料切割锯片　　150m² × 0.0042 片/m² = 0.63 片

10）灰浆搅拌机 200L   150m² × 0.0052 台班/m² = 0.78 台班
11）石料切割机   150m² × 0.0201 台班/m² = 3.015 台班

注：本例题中砂浆半成品所需原材料（水泥、特细砂）的定额消耗量，从"混凝土及砂浆配合比表"中分析而来。

列表计算方法如表 4-3。

某工程主要工料机分析表   表 4-3

序号	定额编号	项目名称	工程量	计量单位	综合人工（工日）		西丽红花岗石（600×600）(m²)		32.5级水泥（kg）		特细砂（t）		石料切割机（台班）	
					定额	耗量	定额	耗量	定额	耗量	定额	耗量	定额	耗量
1	1-008	楼地面贴花岗石板	150	m²	0.253	37.95	1.020	153	15.6285	2344.28	0.0042	6.76	0.0201	3.015

第三节 建筑装饰工程造价价差调整

工程建设项目由于建设周期长，人工、材料、机械台班单价随时间的推移及供求关系的变化而变动。当工程合同价采用可调合同价时，工程造价在合同实施期间应随价格变化而调整，以体现建设工程造价的真实性，使工程造价能反映工程本身实际发生的费用。因此，需按照市场实际结算单价与预算编制期单价之间差额，对预算费用进行调整。

一、人工费价差的调整

在直接费的计算中，人工费是按照"劳动量（工日）× 预算编制期工资标准（元/工日）"确定的，当现行工资结算标准与编制期工资标准不一致时，就出现了人工费价差。其计算公式为：

人工费价差 = 人工消耗量 ×（现行工资结算标准 – 预算编制期工资标准）

【例 4-3】 某办公楼装饰工程预算造价为 906600 元，其中人工消耗量为 2409 工日，人工预算单价为 40 元/工日。该工程合同中约定工程结算时人工费按 45 元/工日进行结算，试确定该工程实际造价。

【解】（1）人工费价差 = 2409 ×（45 – 40）= 12045 元

（2）该工程实际造价 = 906600 + 12045 = 918645 元

二、材料费价差的调整

建筑装饰工程造价采用可调合同价来确定时，由于物价水平和供求关系的影响，使编制期材料基价与材料实际结算价之间出现差异，且材料费所占的比重很大，因此必须进行材料费价差调整。其调整方式主要有两种，即单项材料价差调整法和材料价差综合系数调整法。

（一）单项材料价差调整法

其调整公式为：

材料费价差 = Σ[材料消耗量 ×（材料实际结算价 – 编制期材料预算基价）]

【例 4-4】 列表分析某工程预算中装配式塑料踢脚板、轻钢龙骨上安装石膏板两个装饰分项工程的装饰材料价差。有关材料基价见表4-4。

材料价差分析计算表　　　　　　　　　　　　　表4-4

定额编号	工程项目	计量单位	工程量	材料价差分析与计算							材料价差
				材料名称	规格	单位	定额指标	消耗量	材料基价		
									实际结算基价	编制期基价	
BA0111	装配式塑料踢脚板	10m²	56.5	锯材		m³	0.15	8.48	1300	1000	
				棉纱头		kg	0.167	9.44	8.49	8.49	
				木螺钉		个	340	19210	0.05	0	
				上光蜡		kg	0.187	10.57	20.00	7.12	
				预埋铁件		kg	15.823	894.00	4	4	
				塑料踢脚板	高100mm	m	10.2	576.3	35	25	
BC0167	轻钢龙骨上安装石膏板	10m²	25.3	石膏板	600×600	m²	11.5	290.95	28.8	8	
				自攻螺钉		个	370.00	9361	0.08	0.02	
	合　计										

【解】 按照材料费价差计算公式，分别计算材料的价差，其结果见表4-5。

材料价差分析计算表　　　　　　　　　　　　　表4-5

定额编号	工程项目	计量单位	工程量	材料价差分析与计算							材料价差
				材料名称	规格	单位	定额指标	消耗量	材料基价		
									实际结算基价	编制期基价	
BA0111	装配式塑料踢脚板	10m²	56.5	锯材		m³	0.15	8.48	1300	1000	2544
				棉纱头		kg	0.167	9.44	8.49	8.49	0
				木螺钉		个	340	19210	0.05	0	960.5
				上光蜡		kg	0.187	10.57	20.00	7.12	136.14
				预埋铁件		kg	15.823	894.00	4	4	0
				塑料踢脚板	高100mm	m	10.2	576.3	35	25	5763
BC0167	轻钢龙骨上安装石膏板	10m²	25.3	石膏板	600×600	m²	11.5	290.95	28.8	8	6051.76
				自攻螺钉		个	370.00	9361	0.08	0.02	561.66
	合　计										16017.06

从表4-5调整结果得知，材料费价差为16017.06元，即材料费上调16017.06元。

(二) 综合系数调整法

这种方法是以工程预算编制期的材料费为基础乘以综合调价系数来计算材料价差，从而确定实际发生的材料费。调整对象为地方大宗材料，综合调价系数一般可参照当地工程造价管理部门所公布的数据。其计算公式如下：

$$\text{材料费价差} = \sum \text{定额材料费} \times \text{综合调价系数}$$

【例 4-5】 某大楼装饰工程，其施工图预算中编制的材料费为 3807750 元。工程竣工结算时采用综合系数调整地方材料价差，综合系数为 2.55%，求该工程的地方材料价差。

【解】 材料费价差 = $3807750 \times 2.55\% = 97097.63$ 元

三、机械费价差的调整

建筑装饰工程中机械费暂不实行价差调整，主要原因是装饰工程施工以小型电动机具为主，所消耗的机械费占直接工程费的比例极小，且近年来施工机械台班单价的变化幅度也不大。

思考题与习题

1. 什么叫直接工程费？直接工程费由哪几部分费用构成？
2. 直接工程费有几种计算方法？怎样计算？
3. 怎样计算未计价材料费？
4. 怎样调整人工费价差？
5. 材料费价差有几种调整方法？如何调整？
6. 如何进行工料分析？
7. 已知下列计价项目及工程量，试套用本地预算定额，计算定额直接工程费。
   (1) 轻钢龙骨架上安装硅钙板（600mm×600mm），顶棚面层 565m²；
   (2) 墙面装饰木线条（宽 100mm），并刷清漆 135m；
   (3) 柱面皮革软包 35m²；
   (4) 木门窗套及贴脸 48m²（基层木工板，面层为红榉饰面）；
   (5) 水泥砂浆铺设花岗石板地面（密缝）285m²。
8. 上述第 7 题定额直接工程费计算中，询价的实际主材单价为：花岗石 580 元/m²、轻钢龙骨 6.5 元/m²、硅钙板（600×600）12.5 元/m²、木线条（宽 100mm）25 元/m、清漆 28 元/kg、枋材 1250 元/m³、皮革 85 元/m²、泡沫塑料 26 元/m²、金属压条 9 元/m、12mm 厚木工板 39 元/m²、红榉饰面 22 元/m²、32.5 级水泥 320 元/t、砂 25 元/t。

   试计算材料价差。

第五章 建筑装饰工程费用

第一节 建筑装饰工程费用构成及其内容

一、建筑装饰工程费用构成

建筑装饰工程在施工过程中,不仅要发生装饰材料和装饰机械与机具的价值转移,同时还要发生体力与脑力劳动价值的转移并为社会创造新价值。所以,装饰工程产品具有商品的特征,其价格应包括活劳动与物化劳动的价值转移和通过劳动所新创造的价值两部分。其中价值转移可分为在装饰施工现场发生与其施工生产直接有关且在施工生产所消耗的价值以及装饰施工企业为组织和管理工程施工所必须消耗的价值两部分,即直接费和间接费。活劳动为社会新创造价值就是税金和利润两部分。因此,建筑装饰工程预算造价或价格应由装饰工程直接费、间接费、利润和税金四部分构成。

我国现行建筑装饰工程费用的具体构成如图5-1所示。

二、建筑装饰工程费用内容

(一)直接费

由直接工程费和措施费组成。

1. 直接工程费

包括人工费、材料费、施工机械使用费。

2. 措施费

指为完成工程项目施工,发生于该工程施工前和施工过程中技术、生活、安全等方面非工程实体项目的费用。

一般包括内容:

(1)环境保护费:是指施工现场为达到环保部门要求所需要的各项费用。

(2)文明施工费:是指施工现场文明施工所需要的各项费用。

(3)安全施工费:是指施工现场安全施工所需要的各项费用。

(4)临时设施费:是指施工企业为进行建筑工程施工所必须搭设的生活和生产用的临时建筑物、构筑物和其他临时设施费用等。

临时设施包括:临时宿舍、文化福利及公用事业房屋与构筑物、仓库、办公室、加工厂以及规定范围内道路、水、电、管线等临时设施和小型临时设施。

临时设施费用包括:临时设施的搭设、维修、拆除费或摊销费。

(5)夜间施工费:指因夜间施工所发生的夜班补助费、夜间施工降效、夜间施工照明设备摊销及照明用电等费用。

(6)二次搬运费:指因施工场地狭小等特殊情况而发生的二次搬运费用。

(7)大型机械设备进出场及安拆费:指机械整体或分体自停放场地运至施工现场或由一个施工地点运至另一个施工地点,所发生的机械进出场运输费用及机械在施工现场进行安装、拆卸所需的人工费、材料费、机械费、试运转费和安装所需的辅助设施的费用。

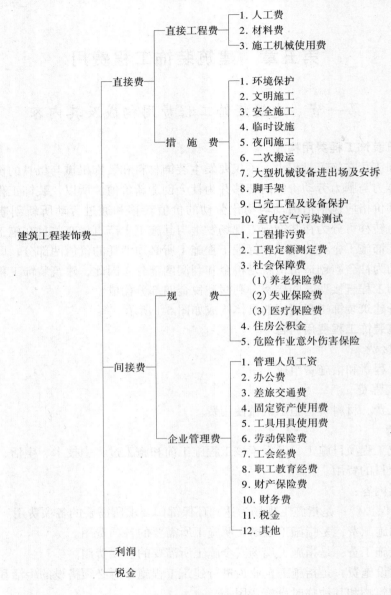

图 5-1 建筑装饰工程费用构成图

(8) 脚手架费：指施工需要的各种脚手架搭、拆、运输费用及脚手架的摊销（或租赁）费用。

(9) 已完工程及设备保护费：指竣工验收前，对已完工程及设备进行保护所需费用。

(10) 室内空气污染测试：指竣工验收前，对已完工程范围室内空气进行测试，以确定空气的污染程度。

（二）间接费

由规费、企业管理费组成。

1. 规费

指政府和有关权力部门规定必须缴纳的费用。包括：

（1）工程排污费：指施工现场按规定缴纳的工程排污费。

（2）工程定额测定费：指按规定支付工程造价（定额）管理部门的定额测定费。

（3）社会保障费，包含以下三部分。

1）养老保险费：指企业按规定标准为职工缴纳的基本养老保险费。

2）失业保险费：指企业按照国家规定标准为职工缴纳的失业保险费。

3）医疗保险费：指企业按照规定标准为职工缴纳的基本医疗保险费。

（4）住房公积金：指企业按规定标准为职工缴纳的住房公积金。

（5）危险作业意外伤害保险：指按照建筑法规定，企业为从事危险作业的建筑安装施工人员支付的意外伤害保险费。

2. 企业管理费

指建筑安装企业组织施工生产和经营管理所需费用。

内容包括：

（1）管理人员工资：指管理人员的基本工资、工资性补贴、职工福利费、劳动保护费等。

（2）办公费：指企业管理办公用的文具、纸张、账表、印刷、邮电、书报、会议、水电、烧水和集体取暖（包括现场临时宿舍取暖）用煤等费用。

（3）差旅交通费：指职工因公出差、调动工作的差旅费、住勤补助费、市内交通费和误餐补助费，职工探亲路费，劳动力招募费，职工离退休、退职一次性路费，工伤人员就医路费，工地转移费以及管理部门使用的交通工具的油料、燃料、养路费及牌照费。

（4）固定资产使用费：指管理和试验部门及附属生产单位使用的属于固定资产的房屋、设备仪器等的折旧、大修、维修或租赁费。

（5）工具用具使用费：指管理使用的不属于固定资产的生产工具、器具、家具、交通工具和检验、试验、测绘、消防用具等的购置、维修和摊销费。

（6）劳动保险费：指由企业支付离退休职工的易地安家补助费、职工退职金、六个月以上的病假人员工资、职工死亡丧葬补助费、抚恤费、按规定支付给离休干部的各项经费。

（7）工会经费：指企业按职工工资总额计提的工会经费。

（8）职工教育经费：指企业为职工学习先进技术和提高文化水平，按职工工资总额计提的费用。

（9）财产保险费：指施工管理用财产、车辆保险。

（10）财务费：指企业为筹集资金而发生的各种费用。

（11）税金：指企业按规定缴纳的房产税、车船使用税、土地使用税、印花税等。

（12）其他：包括技术转让费、技术开发费、业务招待费、绿化费、广告费、公证费、法律顾问费、审计费、咨询费等。

（三）利润

指施工企业完成所承包工程获得的盈利。

（四）税金

指国家税法规定的应计入建筑安装工程造价内的营业税、城市维护建设税及教育费附加等。

第二节 建筑装饰工程费用计算方法

建筑装饰工程预算费用由直接费、间接费、利润、其他费用、税金等五个部分组成。其计算如表 5-1 所示。

建筑装饰工程预算费用计算表　　　　　　　　　表 5-1

费用构成	费用项目		计算方法
直接费	直接工程费	人工费	Σ（人工工日消耗量 × 日工资单价 × 实物工程量）
		材料费	Σ（材料消耗量 × 材料预算单价 × 实物工程量）
		机械费	Σ（机械台班消耗量 × 机械台班单价 × 实物工程量）
	措施费		按规定标准计算
间接费	规费 企业管理费		人工费 × 间接费率
利润	利润		人工费 × 利润率
税金	营业税、城乡维护建设税、教育费附加		（直接费 + 间接费 + 利润） × 费率

表 5-1 中，措施费、间接费、利润等费用内容和开支大小因工程规模、技术难易、施工场地、工期长短及企业资质等级等条件而异。目前，我国各地工程造价主管部门依据工程规模大小、技术难易程度、工期长短等划分不同工程类别，确定相应的取费标准，并以此计算费用。随着工程计价改革不断深入和工程量清单计价规范的实施，政府工程造价主管部门，将逐步以年度市场价格水平，分别制定具有上、下限幅度的指导性费率，供确定建设项目投资、编制招标工程标底和投标报价参考，具体费率的确定应由企业根据其自身情况和工程特点来确定。

一、计算建筑装饰工程费用的原则

建筑装饰工程费用计算是编制工程预算的重要环节，因此费用计算的合理性和准确性直接关系到工程造价的精确性。应贯彻以下原则：

（1）符合社会平均水平原则

建筑装饰工程费用计算应按照社会必要劳动量确定，一方面要及时准确地反映企业技术和施工管理水平，有利于促使企业管理水平不断提高，降低费用支出；另一方面，应考虑人工、材料、机械费用的变化会影响建筑装饰工程费用构成中有关费用支出发生变化的因素。

（2）实事求是、简明适用原则

计算费用时，应在尽可能地反映实际消耗水平的前提下，做到形式简明，方便适用。要结合工程的具体技术经济特点，进行认真分析，按照国家有关部门规定的统一费用项目划分，制订相应费率，且与不同类型的工程和企业承担工程的范围相适应。

（3）贯彻灵活性和准确性相结合的原则

在建筑装饰工程费用的计算过程中，一定要充分考虑可能对工程造价造成影响的各种因素，进行定性、定量的分析研究后制定出合理的费用标准。

二、建筑装饰工程费用计算方法

（一）直接费计算

1. 直接工程费的计算

$$直接工程费 = 人工费 + 材料费 + 施工机械使用费 \tag{5-1}$$

其中人工、材料、机械费用的计算详第四章第一节有关内容。

2. 措施费的计算

措施费应根据工程的具体情况来确定，以下只列出建筑装饰工程中通用措施费项目的计算方法

（1）环境保护费

$$环境保护费 = 直接工程费 \times 环境保护费费率(\%) \tag{5-2}$$

$$环境保护费费率(\%) = \frac{本项费用年度平均支出}{全年建安产值 \times 直接工程费占总造价比例(\%)} \tag{5-3}$$

（2）文明施工费

$$文明施工费 = 直接工程费 \times 文明施工费费率(\%) \tag{5-4}$$

$$文明施工费费率(\%) = \frac{本项费用年度平均支出}{全年建安产值 \times 直接工程费占总造价比例(\%)} \tag{5-5}$$

（3）安全施工

$$安全施工费 = 直接工程费 \times 安全施工费费率(\%) \tag{5-6}$$

$$安全施工费费率(\%) = \frac{本项费用年度平均支出}{全年建安产值 \times 直接工程费占总造价比例(\%)} \tag{5-7}$$

（4）临时设施费

临时设施费有以下三部分组成：

1）周转使用临建（如，活动房屋）。

2）一次性使用临建（如，简易建筑）。

3）其他临时设施（如，临时管线）。

$$临时设施费 = (周转使用临建费 + 一次性使用临建费) \times [1 + 其他临时设施所占比例(\%)] \tag{5-8}$$

其中：

①周转使用临建费为：

$$周转使用临建费 = \Sigma \left[\frac{临建面积 \times 每平方米造价}{使用年限 \times 365 \times 利用率(\%)} \times 工期(天) \right] + 一次性拆除费 \tag{5-9}$$

②一次性使用临建费为：

$$一次性使用临建费 = \Sigma 临建面积 \times 每平方米造价 \times [1 - 残值率(\%)] + 一次性拆除费 \tag{5-10}$$

③其他临时设施在临时设施费中所占比例，可由各地区造价管理部门依据典型施工企业的成本资料经分析后综合测定。

（5）夜间施工增加费

$$夜间施工增加费 = \left(1 - \frac{合同工期}{定额工期}\right) \times \frac{直接工程费中的人工费合计}{平均日工资单价}$$

$$\times 每工日夜间施工费开支 \quad (5-11)$$

(6) 二次搬运费

$$二次搬运费 = 直接工程费 \times 二次搬运费费率(\%) \quad (5-12)$$

$$二次搬运费费率(\%) = \frac{年平均二次搬运费开支额}{全年建安产值 \times 直接工程费占总造价的比例(\%)} \quad (5-13)$$

(7) 大型机械进出场及安拆费

$$大型机械进出场及安拆费 = \frac{一次进出场及安拆费 \times 年平均安拆次数}{年工作台班} \quad (5-14)$$

(8) 脚手架搭拆费

1) 脚手架搭拆费 = 脚手架摊销量 × 脚手架价格 + 搭、拆、运输费 (5-15)

$$脚手架摊销量 = \frac{单位一次使用量 \times (1 - 残值率)}{耐用期 \div 一次使用期} \quad (5-16)$$

2) 租赁费 = 脚手架每日租金 × 搭设周期 + 搭、拆、运输费 (5-17)

(9) 已完工程及设备保护费

已完工程及设备保护费 = 成品保护所需机械费 + 材料费 + 人工费 (5-18)

(10) 室内空气污染测试

室内空气污染测试 = 测试面积 × 每平米测试费用 (5-19)

【例 5-1】 某办公楼室内装饰工程的直接工程费为 902665 元，其中人工费为 54620 元，已知该地区环境保护费费率，安全、文明施工费费率，二次搬运费费率如表 5-2 所示。该工程临时设施费为 6230 元，脚手架搭拆费 8580 元，已完工程成品保护费 2500 元，夜间施工增加费为 7865 元，试确定该工程的措施费。

某地区装饰工程有关费用费率　　　　　　　　　表 5-2

序　号	费　用　名　称	计　算　基　础	费　率（%）
(1)	环境保护费	直接工程费	0.5
(2)	安全、文明施工费	直接工程费	1.25
(3)	二次搬运费	直接工程费	1.05

【解】 根据措施费计算公式，列表计算该工程措施费（如表 5-3 所示）。

某工程措施费计算表　　　　　　　　　表 5-3

序　号	费用名称	计　算　公　式	费率（%）	金额（元）
(1)	直接工程费			902665
(2)	环境保护费	直接工程费 × 费率	0.5	4513.33
(3)	安全、文明施工费	直接工程费 × 费率	1.25	11283.31
(4)	二次搬运费	直接工程费 × 费率	1.05	9477.98
(5)	临时设施费			6230
(6)	脚手架搭拆费			8580
(7)	已完工程成品保护费			2500
(8)	夜间施工增加费			7865
(9)	措施费	2+3+4+5+6+7+8		50449.62

(二) 间接费计算

建筑装饰工程间接费以人工费为计算基础。

$$间接费 = [\Sigma 人工费] \times 间接费费率 \quad (5-20)$$

间接费费率测算时,要注意其包含两部分,即规费费率和企业管理费率。

1. 规费费率的计算

建筑装饰工程规费费率根据本地区典型工程发承包价的分析资料来综合取定,以规费计算中每万元发承包价中所含规费缴纳标准的各项基数进行计算。

则

$$规费费率(\%) = \frac{\Sigma 规费缴纳标准 \times 每万元发承包价计算基数}{每万元发承包价中的人工费含量} \times 100\% \quad (5-21)$$

2. 企业管理费费率

$$企业管理费费率(\%) = \frac{生产工人年平均管理费}{年有效施工天数 \times 人工单价} \times 100\% \quad (5-22)$$

【例 5-2】 依据例 5-1 的条件,若该工程间接费率为 28.92%,试计算工程的间接费。

【解】 根据公式(5-20),

则,　　　　　　　间接费 = 54620 × 28.92% = 15796.10 元

(三)利润

建筑装饰工程中利润的计算公式如下:

$$利润 = [\Sigma 人工费] \times 利润率 \quad (5-23)$$

【例 5-3】 依据例 5-1 的条件,若该工程利润率为 32.89%,试计算工程的利润。

【解】 根据公式(5-23),

则,　　　　　　　利润 = 54620 × 32.89% = 17964.52 元

(四)其他费用

其他费用通常依据工程实际情况来确定。一般有以下费用,其计算公式如下:

1. 预制构件增值税

按以下公式分别进行计算:

$$预制混凝土构件增值税 = 预制混凝土构件出厂量 \times 混凝土构件税率 \quad (5-24)$$

$$预制木门窗构件增值税 = 预制木门窗构件出厂量 \times 木门窗构件税率 \quad (5-25)$$

$$预制金属构件增值税 = 预制金属构件出厂量 \times 金属构件税率 \quad (5-26)$$

2. 人工费价差

$$人工费价差 = [\Sigma 人工消耗量] \times (现行预算工资标准 - 定额工资标准) \quad (5-27)$$

3. 材料费价差

$$材料费价差 = \Sigma [材料定额消耗量 \times (实际单价 - 定额单价)] \quad (5-28)$$

(五)税金

$$税金 = (税前造价 + 利润) \times 税率(\%) \quad (5-29)$$

其中,税率

1. 纳税地点在市区的企业

$$税率(\%) = \frac{1}{1 - 3\% - (3\% \times 7\%) - (3\% \times 3\%)} - 1 \quad (5-30)$$

2. 纳税地点在县城、镇的企业

$$税率(\%) = \frac{1}{1 - 3\% - (3\% \times 5\%) - (3\% \times 3\%)} - 1 \quad (5-31)$$

3. 纳税地点不在市区、县城、镇的企业

$$税率(\%) = \frac{1}{1 - 3\% - (3\% \times 1\%) - (3\% \times 3\%)} - 1 \quad (5\text{-}32)$$

【例 5-4】 依据例 5-1、5-2、5-3 的条件，若该工程所在地为市区，试计算工程的税金。

【解】（1）根据公式（5-30），

$$税率(\%) = \frac{1}{1 - 3\% - (3\% \times 7\%) - (3\% \times 3\%)} - 1 = 3.41\%$$

（2）根据公式（5-29）

则，税金 =（税前造价 + 利润）× 税率(%) =（直接工程费 + 措施费 + 间接费 + 利润）× 3.41% =（902665 + 50449.62 + 15796.10 + 17964.52）× 3.41%
= 33652.45 元

三、建筑装饰工程费用计算程序

建筑装饰工程费用之间存在着密切的内在联系，费用计算必须按照一定的程序进行，避免重项和漏项，做到计算清晰、结果准确。

为使读者更好地理解掌握本章内容，现将建设部颁布第 107 号部令《建筑工程施工发包与承包计价管理办法》规定中的建筑装饰工程费用组成及计算程序列出，如表 5-4 所示。

建筑装饰费用计算程序　　　　　　表 5-4

序号	费用项目	计算方法	备注
1	直接工程费	按预算表	根据建设部第 107 号部令《建筑工程施工发包与承包计价管理办法》的规定确定
2	直接工程费中人工费	按预算表	
3	措施费	按规定标准计算	
4	直接费小计	[1＋3]	
5	间接费	[2] × 相应费率	
6	利润	[2] × 相应利润率	
7	税金	[4＋5＋6] × 税率	
8	工程造价	[4＋5＋6＋7]	

【例 5-5】 依据例 5-1、5-2、5-3、5-4 的条件，按照表 5-4 所示建筑装饰费用计算程序，试计算该工程造价。

【解】 依据例 5-1、5-2、5-3、5-4 计算数据，按照表 5-4 计费程序表，填写并计算该装饰工程造价，如表 5-5 所示。

建筑装饰工程造价计算表　　　　　　表 5-5

序号	费用项目	计算方法	费率（%）	费用（元）
1	直接工程费	按预算表		902665
2	直接工程费中人工费	按预算表		54620
3	措施费	按规定标准计算		50449.62
4	直接费小计	[1＋3]		953114.62
5	间接费	[2] × 相应费率	28.92	15796.10
6	利润	[2] × 相应利润率	32.89	17964.52
7	税金	[4＋5＋6] × 税率	3.41	33652.45
8	工程造价	[4＋5＋6＋7]		1021021.11

由于我国各地区的具体情况不同，取费的项目、内容可能发生变化，而且费用的归类、计算方法也可能不同，如有的地区在费用计算时，采用以人工、材料、机械的消耗量

及其相应价格来确定直接工程费，然后另加措施费、间接费、利润、税金生成建筑装饰工程发承包价格（参照表5-4）。有的地区采用先确定装饰分项工程项目综合单价（参照表5-6），再计算建筑装饰工程价格的方法（参照表5-7）。因此在进行建筑装饰工程费用计算时，要按照当时当地的费用项目构成、费用计算方法等，遵照一定的程序进行计算。

综合单价计算程序 表5-6

序 号	费用项目	计 算 方 法	费率%	备 注
1	分项直接工程费	人工费＋材料费＋机械费		
2	直接费中人工费	人工费		
3	管理费	(2)×取定费率	45.88	费率可调整
4	利润	(2)×取定费率	27.86	费率可调整
5	综合单价	(1)＋(3)＋(4)		

建筑装饰工程预算费用计算程序 表5-7

序 号	费 用 项 目	计 算 方 法	备 注
1	分部分项工程费用	Σ[工程量×相应综合单价]	
2	措施费用	按实计算	
3	其他项目费用	按实计算	
4	规费	按规定计算	
5	税金	[1＋2＋3＋4]×税率	
6	工程造价	[1＋2＋3＋4＋5]	

思 考 题 与 习 题

1. 试述建筑装饰工程预算费用的组成？
2. 简述在建筑装饰工程费用计算过程中，各项费用的计费基础是什么？
3. 某建筑装饰工程，套"2003年某地建筑装饰预算定额"计算的定额直接费56400元，其中人工费8500元，机械费2750元，材料价差11600元，在施工过程中发生的技术措施费14650元，间接费率28.92%，利润率25.89%，工程位于某县城内，税率3.49%，人工工资预算单价40元/工日（定额人工工资单价26元/工日），试计算该建筑装饰工程预算费用。
4. 在某地开发区的住宅小区内，开发商将室内套房按高、中档两个档次样板房标准，发包给某装饰设计公司，并要求按照当地预算定额进行报价。预算工资标准40元/工日（定额工资标准26元/工日），承包商根据施工图设计，其取定的费率及计算成果如表5-8所示，试分别确定出完整的预算造价（结果填入表5-8内）。

工程报价分析表 表5-8

套房	定额直接费（元）	其　　中			人工费价差（元）	间接费（37.14%）	利润（39.63%）	税金（3.56%）	总 价
		人工费	机械费	材料价差					
高档	128500	21000	5000	32000					
中档	89600	16000	3000	10000					

第六章 建筑装饰工程预算编制实例

第一节 建筑装饰工程预算编制

建筑装饰工程预算编制是一个综合的过程，它综合了前面几章的学习内容，同时也是检验前面几章的掌握程度，编制预算的常用方法有单价法和实物法。本章结合现行定额《全国统一建筑装饰装修工程消耗量定额》GYD—901—2002重点介绍建筑装饰工程预算的编制过程。

一、建筑装饰工程预算的组成内容

建筑装饰工程预算的内容主要构成：

(1) 装饰工程预算封面。
(2) 审核意见表。
(3) 编制说明。
(4) 装饰工程费用计算表。
(5) 工程计价表。
(6) 措施项目费计价表。
(7) 措施项目费分析表。
(8) 主要材料汇总表。

二、装饰工程施工图预算的编制依据

1. 经过批准和会审的施工图设计文件和有关标准图集

编制施工图预算所用的施工图纸必须经过建设主管机关批准，并经过建设单位、设计单位、施工单位和监理单位参加图纸会审、签署"图纸会审纪要"。同时，预算编制单位还应有与图纸有关的各类标准图集。通过这些资料，可以对工程概况（如工程性质、内容、构造等）有一个详细的了解，这是编制预算的必要前提。

2. 经过批准的施工组织设计

施工组织设计确定各分部分项工程的施工方法、施工进度计划、施工机械的选择、施工平面图的布置及主要技术措施等内容，是编制装饰工程施工图预算的重要依据之一，与工程量计算、选套定额项目等有密切关系。

3. 装饰工程预算定额

装饰工程预算定额是编制装饰工程施工图预算的重要依据。装饰预算定额对于分项工程等项目都进行了详细的划分，同时对于分项工程的工作内容、工程量计算规则等都有明确规定，还给出了各个项目的人工、材料、机械台班的耗用量，是编制装饰施工图预算的基础资料。

4. 经过批准的设计概算文件

经过批准的设计概算文件是国家控制工程拨款或贷款的最高限额，也是控制单位工程

预算的主要依据，如果工程预算确定的投资总额超过设计概算，应该补做调整设计概算，经原批准单位机关批准后方准许实施。

5．地区单位估价表

地区单位估价表是现行建筑装饰工程预算定额在某个城市或地区的具体表现形式，是该城市或地区编制装饰工程施工图预算最直接的基础资料。

6．建筑装饰工程费用定额

根据地区的不同，划分工程类别选套相应的费用标准，确定工程预算造价。

7．材料价格

各地区材料价格是确定材料费用的依据，是编制预算的必备资料。

三、装饰施工图预算的编制步骤

1．收集编制预算的有关文件和资料

收集资料包括施工图设计文件、施工组织设计、材料预算价格、预算定额、地区单位估价表、间接费定额、工程承包合同、预算工作手册等。

2．熟悉编制预算的有关文件和资料

（1）熟悉施工图设计文件。只有全面熟悉施工图设计文件，才能在预算人员头脑中形成工程全貌，以便加快工程量计算速度和正确选套定额项目。

（2）熟悉施工组织设计。主要了解施工方法、机械选择、运输距离等。

（3）熟悉预算定额。

3．熟悉施工现场情况

为了编制出符合施工实际情况的施工图预算，必须全面掌握现场情况，以免漏项。

4．计算工程量

正确计算工程量是准确编制施工图预算的基础。因此，需注意正确划分计算项目和计算工程量，要求预算人员要把握好施工工艺和预算定额子目划分，同时准确掌握计算规则。

5．计算直接工程费

根据计算出的分项工程量乘以相应分项的直接工程费（或人工费、材料费和机械费），分别汇总统计得出单位工程直接工程费。

6．计算措施项目费

7．计算工程直接费

8．计算间接费

9．计算利润、税金

10．汇总以上各项费用，计算出建筑装饰工程造价

11．计算工程技术经济指标，填写封面

（1）每平方米建筑面积造价指标＝工程预算造价/建筑面积

（2）每立方米建筑体积造价指标＝工程预算造价/建筑体积

（3）每平方米建筑面积劳动量消耗指标＝劳动量/建筑面积

（4）每平方米建筑面积主要材料消耗指标＝相应材料消耗量/建筑面积

12．编制主要材料汇总表

主要统计工程中的主要消耗材料的理论用量，以便材料采购、备料。

13. 编写预算书编制说明

编制说明主要由编制依据、工程地点、施工企业资质等内容组成。

14. 复核、装订、签章和审批

第二节　建筑装饰工程预算的编制实例

一、工程概况

××公司电教室和会议室室内装饰工程，工程内容及材料选用详见表6-1、表6-2及图6-1～图6-7。

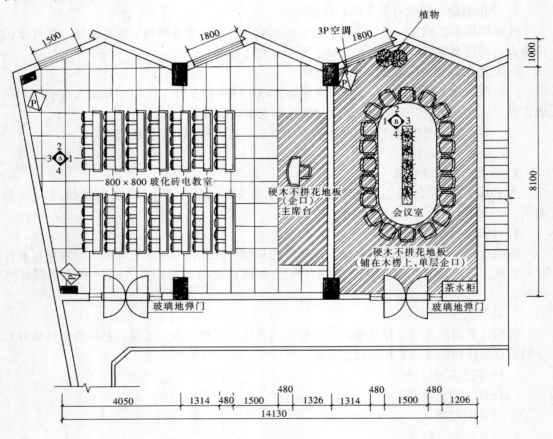

图6-1　地面平面布置图 1:75

二、工程量计算书：

1. 门窗及孔洞统计表（表6-3）
2. 工程量计算表（表6-4）
3. 工程量汇总表（表6-5）

三、工程预算书：

1. 装饰工程预算书封面（表6-6）

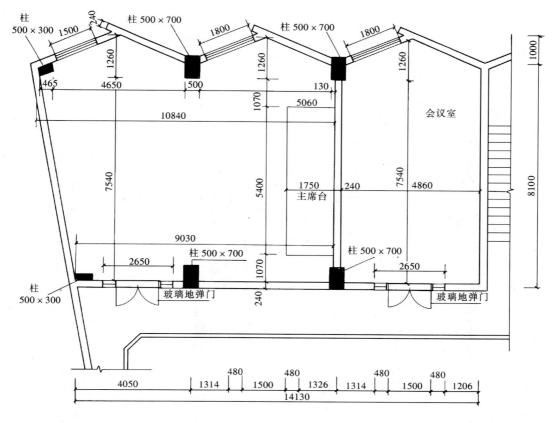

图 6-2 地面平面放线图 1:75

2．审核意见表（表 6-7）
3．编制说明（表 6-8）
4．装饰工程费用计算表（表 6-9）
5．工程计价表（表 6-10）
6．措施项目费分析表（表 6-11）
7．措施项目费计价表（表 6-12）
8．主要材料汇总表（表 6-13）

门 窗 统 计 表　　　　　表 6-1

序 号	编 号	数量	规格（mm） （宽×高）	材　料	备　注
1	门				
	M-1	2	2650×2200	铝合金	成品铝合金全玻地弹门
2	窗				
	C-1	2	1800×1500	铝合金	成品铝合金推拉窗
	C-2	1	1500×1500	铝合金	成品铝合金推拉窗

77

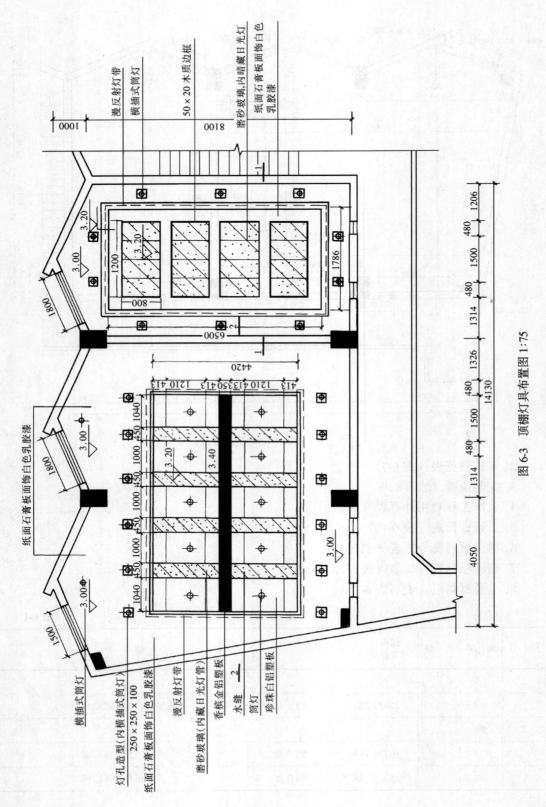

图 6-3 顶棚灯具布置图 1:75

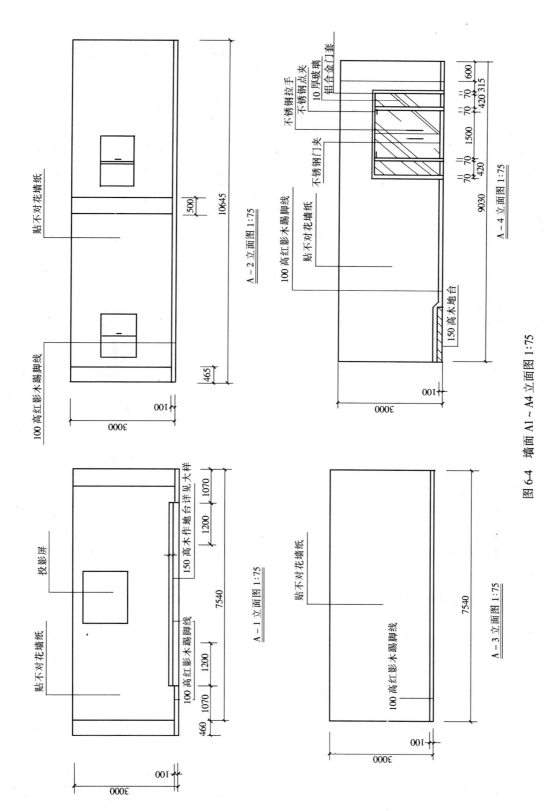

图 6-4 墙面 A1～A4 立面图 1:75

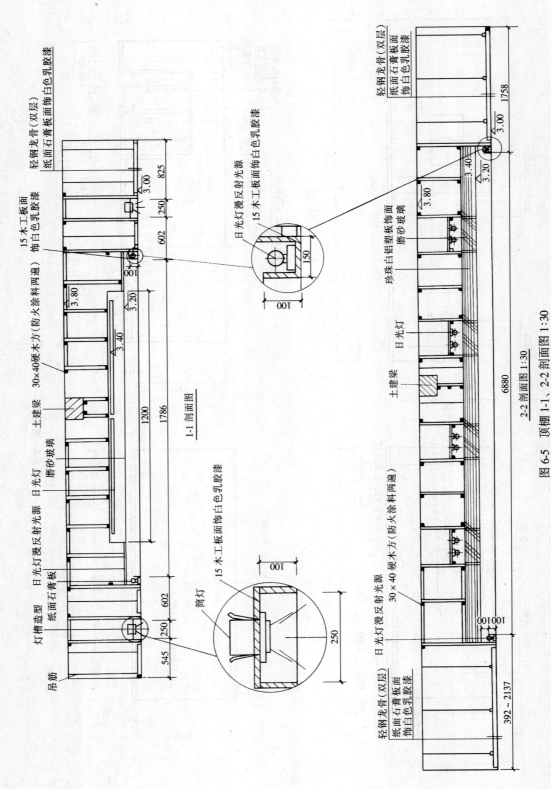

图 6-5 顶棚 1-1、2-2 剖面图 1:30

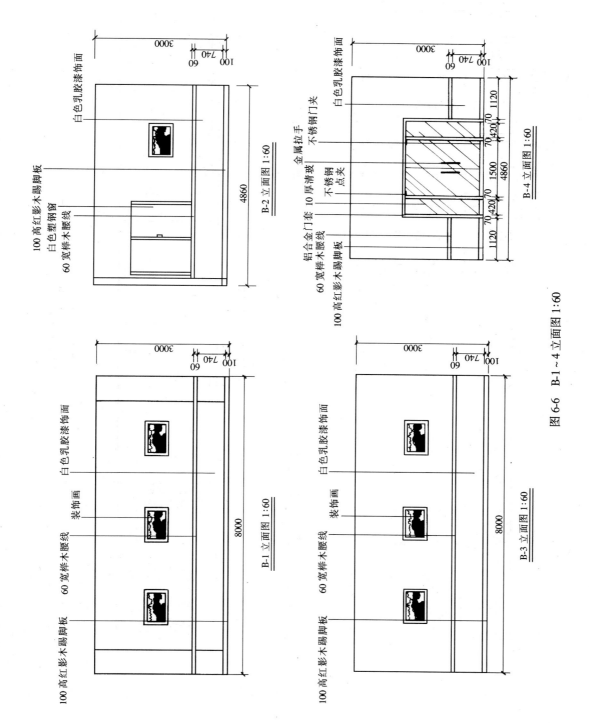

图 6-6 B-1~4 立面图 1:60

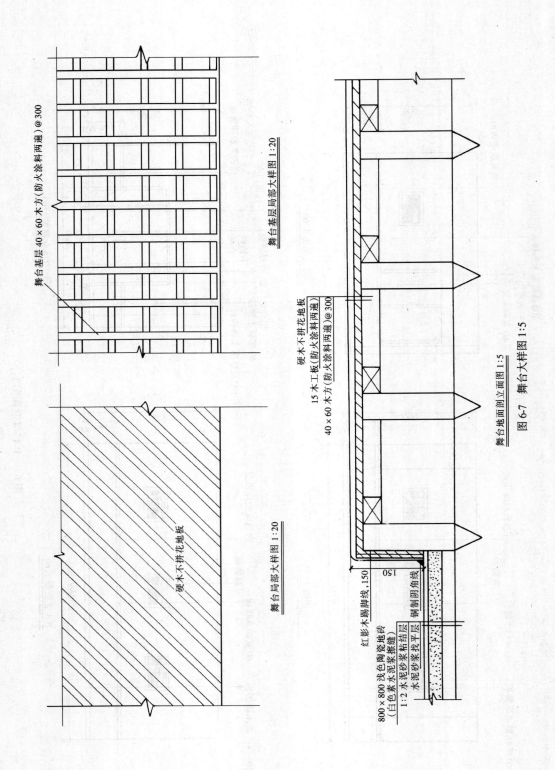

图6-7 舞台剖面大样图

××工程室内装饰材料表　　　　　　　　　　　　　　　　　　表 6-2

序号	部位\名称材料	地面	踢脚	墙面	顶棚	备注
1	电教室	贴 800mm×800mm 陶瓷地砖,讲台做硬木地板	100 高成品红影木踢脚线	贴不对花墙纸	装配式 U 形轻钢龙骨（450mm×450mm）贴纸面石膏板,方木龙骨（双层楞,300mm×300mm）贴铝塑板	见具体装饰图
2	会议室	硬木地板	100 高成品红影木踢脚线	刷乳胶漆两遍,中间贴榉木腰线	装配式 U 形轻钢龙骨（450mm×450mm）贴纸面石膏板,方木龙骨（双层楞,300mm×300mm）贴铝塑板	见具体装饰图

门窗及孔洞统计表　　　　　　　　　　　　　　　　　　　　表 6-3

序号	名称及编号	数量	规格（mm）（宽×高）	每樘面积（m²）	总面积（m²）	备注
1	成品铝合金全玻地弹门					
	M—1	2	2650×2200	5.83	11.66	电教室、会议室各一樘
2	成品铝合金推拉窗					
	C-1	2	1800×1500	2.7	5.4	电教室、会议室各一樘
	C-2	1	1500×1500	2.25	2.25	电教室一樘

工程量计算表　　　　　　　　　　　　　　　　　　　　　　表 6-4

工程名称：××公司电教室和会议室室内装饰工程

序号	分项工程名称	单位	数量	计 算 式
一	楼地面工程			
1	电教室硬木不拼花地板(企口)	m²	9.45	5.4×1.75
2	会议室硬木不拼花地板(企口)	m²	40.7044	7.54×4.86+0.46×4.86+(1.26-0.46)×4.86÷2-0.13×0.46×2〖柱〗
3	800×800 陶瓷地砖	m²	73.272	(9.03+10.84)×(7.54+0.46)÷2+(4.65+0.465+5.06+0.13)×(1.26-0.46)÷2-0.13×0.46×2〖柱〗-0.5×0.46×2〖柱〗-0.3×0.5×2〖柱〗-5.4×1.75〖主席台〗
4	电教室红影木踢脚线(成品,100 高)	m	36.12225	9.03+0.46×2〖柱侧壁〗-2.65〖门洞口〗+7.54+0.46+7.54×1.065〖斜边换算系数〗+0.5+(4.65+0.465)×1.05〖斜边换算系数〗+0.46×2〖柱侧壁〗+0.5+(5.06+0.13)×1.06〖斜边换算系数〗
5	会议室红影木踢脚线(成品,100 高)	m	23.2644	4.86-2.65〖门洞口〗+(7.54+0.46)×2+4.86×1.04〖斜边换算系数〗
6	主席台红影木踢脚线(成品,150 高)	m	8.9	5.4+1.75×2
7	铜制阴角线	m	8.9	5.4+1.75×2
8	主席台木龙骨刷防火涂料两遍	m²	9.45	5.4×1.75
二	墙面工程			
1	电教室贴不对花墙纸	m²	101.11	[9.03+0.46×2〖柱侧壁〗+7.54+0.46+7.54×1.065〖斜边换算系数〗+0.5+(4.65+0.465)×1.05〖斜边换算系数〗+0.46×2+0.5+(5.06+0.13)×1.06〖斜边换算系数〗]×(3-0.1)-2.65×2.1〖门洞口〗-1.5×1.5〖窗洞口〗-1.8×1.5〖窗洞口〗-5.4×0.15〖主席台〗

续表

序号	分项工程名称	单位	数量	计 算 式
2	会议室刷乳胶漆	m²	65.067	(8×2+4.86+4.86×1.04〖斜边换算系数〗)×(3-0.1-0.06)-2.65×2.2〖门洞口〗-1.8×1.5〖窗洞口〗
3	60宽榉木腰线	m	23.2644	8×2+4.86+4.86×1.04-2.65〖门洞口〗
三	顶棚工程			
1	电教室方木龙骨(双层楞,300×300)	m²	33.89	(6.88+0.15×2)×(4.42+0.15×2)
2	会议室方木龙骨(双层楞,300×300)	m²	14.144	(1.78+0.15×2)×(6.5+0.15×2)
3	电教室装配式U形轻钢龙骨(450×450)	m²	49.712	(9.03+10.84)×(7.54+0.46)÷2+(4.65+0.465+5.06+0.13)×(1.26-0.46)÷2-33.89〖电教室方木龙骨〗
4	会议室装配式U形轻钢龙骨(450×450)	m²	26.68	7.54×4.86+0.46×4.86+(1.26-0.46)×4.86÷2-14.144〖会议室方木龙骨〗
5	电教室方木龙骨贴珍珠白铝塑板	m²	26.919	(6.88+0.15×2)×(4.42+0.15×2)-0.35×(6.88+0.15×2)+(6.88+0.15×2)×(3.4-3.2)×2〖顶面侧边〗-0.45×(0.413×2+1.21)×8
6	电教室方木龙骨贴香槟金铝塑板	m²	2.513	0.35×(6.88+0.15×2)
7	电教室磨砂玻璃顶棚	m²	7.326	0.45×(4.42-0.35)×4
8	会议室磨砂玻璃顶棚	m²	3.84	1.2×0.8×4
9	电教室轻钢龙骨贴纸面石膏板	m²	49.712	(9.03+10.84)×(7.54+0.46)÷2)+(4.65+0.465+5.06+0.13)×(1.26-0.46)÷2-33.89
10	会议室轻钢龙骨贴纸面石膏板	m²	36.984	7.54×4.86+0.46×4.86+(1.26-0.46)×4.86÷2-1.2×0.8×4〖灯槽〗
11	石膏板上刷乳胶漆	m²	86.696	49.712〖电教室〗+36.984〖会议室〗
12	方木龙骨刷防火涂料两遍	m²	48.034	33.89〖电教室〗+14.144〖会议室〗
13	电教室顶棚悬挑灯槽(细木工板)	m	23.2	(6.88+0.15+4.42+0.15)×2
14	会议室顶棚悬挑灯槽(细木工板)	m	17.172	(6.5+0.15+1.786+0.15)×2
15	电教室漫反射灯槽刷乳胶漆(零星工程)	m²	17.864	23.2×(0.1+0.15+0.1+0.15+0.2)×1.1
16	会议室漫反射灯槽刷乳胶漆(零星工程)	m²	13.22	17.172×(0.1+0.15+0.1+0.15+0.2)×1.1
17	电教室筒灯灯槽刷乳胶漆(零星工程)	m²	2.145	(0.25×0.25+0.25×0.1×4)×12×1.1
18	会议室筒灯灯槽刷乳胶漆(零星工程)	m²	1.7875	(0.25×0.25+0.25×0.1×4)×10×1.1
四	门窗工程			
1	成品铝合金全玻地弹门安装	m²	11.66	11.66
2	成品铝合金推拉窗安装	m²	7.65	5.4+2.25
五	脚手架及成品保护			
1	满堂脚手架(5.2m内)	m²	124.43	(9.03+10.84)×(7.54+0.46)÷2+(4.65+0.465+5.06+0.13)×(1.26-0.46)÷2+7.54×4.86+0.46×4.86+(1.26-0.46)×4.86÷2

续表

序号	分项工程名称	单位	数量	计算式
2	楼地面成品保护	m²	123.42	9.45 + 40.7 + 73.27〖见一部分中序号 1、2、3 计算式〗
3	内墙面成品保护	m²	166.18	101.11 + 65.07〖见二部分中序号 1、2 计算式〗
六	其他工程			
1	木质装饰条（灯饰边框，50×20）	m	16	(1.2 + 0.8) × 2 × 4
七	建筑面积	m²	137.6239	124.43 + [9.03 + 0.24 + 4.86 + 0.24 + 8.1 + 4.86 × 1.04 + 8.1 + 8.03 + (4.65 + 0.465 + 5.06 + 0.13) × 1.05 + 0.5] × 0.24〖墙体所占面积〗

工程量汇总表　　　　　　　　　　　　　　　　　　　　　　　表 6-5

序号	分项工程名称	单位	数量	计算式
一	楼地面工程			
1	电教室硬木不拼花地板（企口，带毛板）	m²	9.45	
2	会议室硬木不拼花地板（企口）	m²	40.70	
3	800×800 陶瓷地砖	m²	73.27	
4	红影木踢脚线（成品，100 高）	m	59.38	36.12 + 23.26
5	主席台红影木踢脚线（成品，150 高）	m	8.9	
6	铜制阴角线	m	8.9	
7	主席台木龙骨刷防火涂料两遍	m²	9.45	
二	墙面工程			
1	电教室贴不对花墙纸	m²	101.11	
2	会议室刷乳胶漆两遍	m²	65.07	
3	60 宽榉木腰线	m	23.26	
三	顶棚工程			
1	方木龙骨（双层楞，300mm×300mm）	m²	48.03	33.89 + 14.14
2	装配式 U 型轻钢龙骨（450mm×450mm）	m²	76.39	49.71 + 26.68
3	电教室方木龙骨贴珍珠白铝塑板	m²	26.92	
4	电教室方木龙骨贴香槟金铝塑板	m²	2.51	
5	磨砂玻璃顶棚	m²	11.17	7.33 + 3.84
6	轻钢龙骨贴纸面石膏板	m²	86.69	49.71 + 36.98
7	石膏板上刷乳胶漆	m²	86.70	
8	方木龙骨刷防火涂料两遍	m²	48.03	
9	顶棚悬挑灯槽（细木工板）	m	40.37	
10	木板上刷乳胶漆（零星工程）	m²	35.02	31.09 + 3.93
四	门窗工程			
1	成品铝合金全玻地弹门安装	m²	11.66	
2	成品铝合金推拉窗安装	m²	7.65	
五	脚手架及成品保护			
1	满堂脚手架（5.2m 内）	m²	124.43	
2	楼地面成品保护	m²	123.42	
3	内墙面成品保护	m²	166.18	
4	内墙面增加改架工日	工日	2.127	1.6618 × 1.28
六	其他工程			
1	木质装饰条（灯饰边框，50×20）	m	16	
七	建筑面积	m²	137.62	

装饰工程预算书封面　　　　　　　　　　　　　　表 6-6

装饰工程造价预算书　　　　　　　　　编号：

建设单位：_____　　单位工程名称：××工程室内装饰　　建设地点：某市中区

施工单位：_____　　施工单位取费等级：__二级__　　　　工程类别：__四类__

工程规模：__137.62m²__　　工程造价：__46986.25元__　　　　单位造价：__341.42元/m²__

建设（监理）单位：_____　　　　　　　施工（编制）单位：_____

技术负责人：_____　　　　　　　　　　技术负责人：_____

审核人：　　　　　　　　　　　　　　　　　　编制人：

资格证章：_____　　　　　　　　　　　资格证章：_____

　　　年　月　日　　　　　　　　　　　　　　　　　年　月　日

审 核 意 见 表　　　　　　　　　　　　　　　　表 6-7

审批单位审查意见	建设（监理）单位审核意见	施工单位对审核结果的意见

编制说明　　　　　　　　　　　　　　　　　　　　　　　　　　　表 6-8

编制依据	施工图号	
	合同	××工程施工合同
	使用定额	全国统一建筑装饰装修工程消耗量定额（GYD—901—2002）
	材料价格	××地区市场价格
	其他	取费费率按××地区取费标准执行

说明：
1．本预算未包括下列工程内容：
（1）灯饰工程及室内家具。
（2）材料的垂直运输费用，发生时按实计算。
（3）施工场地入场前的清理、打扫等辅助费用。
（4）各种配合费用。
2．施工企业取费按工程类别费用核定书核定的四类工程计算各项费用。
3．材料价格按现行市场价格执行，结算时进行调整。
4．未包括室内空气污染等检测费用，发生时，结算一并结清。

装饰工程费用计算表　　　　　　　　　　　　　　　　表 6-9

工程名称：××工程室内装修工程

序号	费用名称	计算公式	规定费率（%）	金额（元）
一	直接费	1＋5		38594.27
1	直接工程费	2＋3＋4		34938.57
2	直接工程费人工费	见"工程计价表"		6888.3
3	直接工程费材料费	见"工程计价表"		28015.8
4	直接工程费机械费	见"工程计价表"		34.47
5	措施费	见"措施项目费计价表"		3655.70
6	措施费中人工费	见"措施项目费计价表"		1734.99
7	人工费小计	2＋6		8623.29
二	间接费	8＋9		5001.51
8	规费	(7)×规定费率	25.5	2198.94
9	企业管理费	(7)×规定费率	32.5	2802.57
三	利润	(7)×规定费率	21.35	1841.07
四	税金	[(一)＋(二)＋(三)]×规定费率	3.41	1549.4
五	工程造价	(一)＋(二)＋(三)＋(四)		46986.25

工程名称：××公司电教室和会议室室内装修工程

工 程 计 价 表 表 6-10

序号	定额编号	项目名称	单位	工程量	直接工程费	人工费	材料费	机械费	费用分析		名称	单位	定额耗量	合计耗量	市场单价	合价
一		楼地面工程														
1	1—136	电教室硬木不拼花地板	m²	9.45	1417.92	232.187	1181.62	4.11718	人工		综合人工	工日	0.546	5.1597	45	232.19
									材料		硬木地板（企口）成品	m²	1.05	9.9225	55	545.74
											圆钉	kg	0.2678	2.53071	5.8	14.678
											镀锌钢丝10#	kg	0.3013	2.847285	5.4	15.375
											预理铁件	kg	0.5001	4.725945	5.1	24.102
											棉纱头	kg	0.01	0.0945	14.2	1.3419
											杉木锯材	m³	0.0142	0.13419	1400	187.87
											松木锯材	m³	0.0263	0.248535	1350	335.52
											油色（油纸）	m³	1.08	10.206	3.25	33.17
											煤 油	kg	0.0562	0.53109	3.4	1.8057
											氟化钠	kg	0.245	2.31525	5.8	13.428
											臭油水	kg	0.2842	2.68569	3.2	8.5942
									机械		木工圆锯机φ500	台班	0.0024	0.02268	35	0.7938
											电动打磨机	台班	0.1099	1.038555	3.2	3.3234
2	1—134	会议室硬木不拼花地板	m²	40.7	4265.17	847.985	3414.2	2.99145	人工		综合人工	工日	0.463	18.8441	45	847.98
									材料		硬木地板（企口）成品	m²	1.05	42.735	55	2350.4
											圆钉	kg	0.1587	6.45909	5.8	37.463
											镀锌钢丝10#	kg	0.3013	12.26291	5.4	66.22
											预理铁件	kg	0.5001	20.35407	5.1	103.81
											棉纱头	kg	0.01	0.407	14.2	5.7794
											杉木锯材	m³	0.0142	0.57794	1400	809.12

续表

序号	定额编号	项目名称	单位	工程量	直接工程费	人工费	材料费	机械费	费用分析		名称	单位	定额耗量	合计耗量	市场单价	合价
3	1—067	贴800×800陶瓷地砖	m²	73.27	4571.58	957.163	3598.23	16.1868	材料		煤油	kg	0.0316	1.28612	3.4	4.3728
											臭油水	kg	0.2842	11.56694	3.2	37.014
									机械		木工圆锯机 ϕ500	台班	0.0021	0.08547	35	2.9915
									人工		综合人工	工日	0.2903	21.27028	45	957.16
											白水泥	kg	0.103	7.54681	0.6	4.5281
											陶瓷地砖 800mm×800mm	m³	1.04	76.2208	38	2895.6
									材料		石料切割锯片	片	0.0032	0.234464	2.7	0.6331
											棉纱头	kg	0.01	0.7327	14.2	10.404
											水	m³	0.026	1.90502	2.8	5.3341
											锯木屑	m³	0.006	0.43962	40	17.585
											水泥砂浆 1:3	m³	0.0202	1.480054	420	621.62
											素水泥浆	m³	0.001	0.07327	580	42.497
									机械		灰浆搅拌机 200L	台班	0.0035	0.256445	45	11.54
											石料切割机	台班	0.0151	1.106377	4.2	4.6468
4	1—164	红影木成品踢脚线 100 高	m	59.38	2698.34	95.6612	2601.63	1.03915	人工		综合人工	工日	0.0358	2.125804	45	95.661
											红影木踢脚线 100 高	m	1.05	62.349	6.5	405.27
									材料		圆钉	kg	0.0854	5.071052	5.8	29.412
											杉木锯材	m³	0.0208	1.235104	1400	1729.1
											胶合板 9mm	m²	0.156	9.26328	38	352
											胶粘剂	kg	0.17	10.0946	8.5	85.804
									机械		木工圆锯机 ϕ500	台班	0.0005	0.02969	35	1.0392

续表

序号	定额编号	项目名称	单位	工程量	直接工程费	人工费	材料费	机械费	费用分析	名　称	单位	定额耗量	合计耗量	市场单价	合　价
5	1—164	红影木成品踢脚线150高	m	8.9	432.467	14.3379	417.974	0.15575	人工	综合人工	工日	0.0358	0.31862	45	14.338
									材料	红影木踢脚线150高	m	1.05	9.345	9.5	88.778
										圆钉	kg	0.0854	0.76006	5.8	4.4083
										杉木锯材	m³	0.0208	0.18512	1400	259.17
										胶合板9mm	m²	0.156	1.3884	38	52.759
										胶粘剂	kg	0.17	1.513	8.5	12.861
									机械	木工圆锯机φ500	台班	0.0005	0.00445	35	0.1558
二		顶棚工程													
1	3—017	方木龙骨（双层搭，300mm×300mm）	m²	48.03	2290.1	367.43	1921.71	0.9606	人工	综合人工	工日	0.17	8.1651	45	367.43
									材料	圆钉	kg	0.1072	5.148816	5.8	29.863
										镀锌钢丝	kg	0.064	3.07392	5.4	16.599
										铁件	kg	0.0984	4.726152	5.1	24.103
										预埋铁件	kg	1.4467	69.485	5.1	354.37
										电焊条	kg	0.011	0.52833	6.8	3.5926
										锯　材	m³	0.023	1.10469	1350	1491.3
										防腐油	kg	0.007	0.33621	5.5	1.8492
									机械	交流电焊机30kV·A	台班	0.0005	0.024015	40	0.9606
2	3—023	装配式U形轻钢龙骨（450mm×450mm）	m²	76.39	2891.77	721.886	2167.97	1.9212	人工	综合人工	工日	0.21	16.0419	45	721.89
									材料	吊筋	kg	0.28	21.3892	6.8	145.45
										轻钢龙骨平面(不上人)450×450	m²	1.015	77.53585	22.5	1744.6
										高强螺栓	kg	0.0122	0.931958	7.5	6.9897

续表

序号	定额编号	项目名称	单位	工程量	直接工程费	人工费	材料费	机械费	费用分析		名称	单位	定额耗量	合计耗量	市场单价	合价
											螺母	个	3.52	268.8928	0.3	80.668
										材料	射钉	个	1.53	116.8767	0.1	11.688
											垫圈	个	1.76	134.4464	0.12	16.134
											电焊条	kg	0.0128	0.977792	6.8	6.649
											角钢	kg	0.4	30.556	5.1	155.84
									机械		交流电焊机 30kV·A	台班	0.001	0.04803	40	1.9212
3	3-092	方木龙骨贴珍珠白铝塑板	m²	26.92	1390.51	181.71	1208.8		人工		综合人工	工日	0.15	4.038	45	181.71
									材料		珍珠白铝塑板	m²	1.05	28.266	42	1187.2
											胶粘剂	kg	0.058	1.56136	12	18.736
											其他材料费(占材料费)	%	0.24			2.894
4	3-092	方木龙骨贴香槟金铝塑板	m²	2.51	137.575	16.9425	120.632		人工		综合人工	工日	0.15	0.3765	45	16.943
									材料		香槟金铝塑板	m³	1.05	2.6355	45	118.6
											胶粘剂(专用)	kg	0.058	0.14558	12	1.747
											其他材料费(占材料费)	%	0.24			0.288
5	3-097	轻钢龙骨贴纸面石膏板	m²	86.69	3838.43	468.126	3370.31		人工		综合人工	工日	0.12	10.4028	45	468.13
									材料		纸面石膏板	m²	1.05	91.0245	17	1547.4
											自攻螺钉	个	34.5	2990.805	0.6	1794.5
											其他材料费(占材料费)	%	0.85			28.406
6	3-146	顶棚悬挑灯槽(细木工板)	m	40.37	601.644	199.832	401.812		人工		综合人工	工日	0.11	4.4407	45	199.83
									材料		圆钉	kg	0.05	2.0185	5.8	11.707
											大芯板(细木工板)	m²	0.25	21.6725	18	390.11
7	3-132	磨砂玻璃顶棚	m²	11.17	728.284	128.6784	599.6056		人工		综合人工	工日	0.36	4.0212	45	180.954
									材料		磨砂玻璃	m²	1.03	11.5051	35	402.6785
											镜钉	个	13	145.21	1	145.21
											双面胶带纸	m²	0.225	2.5133	55	138.2315
											玻璃胶	kg	0.58	6.4786	14	90.7004
											其他材料费	%	0.16			1.243
三		门窗工程														

续表

序号	定额编号	项目名称	单位	工程量	直接工程费	人工费	材料费	机械费	费用分析	名　称	单位	定额耗量	合计耗量	市场单价	合　价
1	4—030	成品铝合金全玻地弹门安装	m²	11.66	2878.94	293.832	2581.34	3.76676	人工	综合人工	工日	0.56	6.5296	45	293.83
									材料	全玻地弹门(不含玻璃)	m²	0.96	11.1936	170	1902.9
										平板玻璃 10mm	m²	0.96	11.1936	45	503.71
										合金钢钻头 φ10	个	0.0461	0.537526	13	6.9878
										地　脚	个	3.69	43.0254	2.5	107.56
										玻璃胶 350g	支	0.43	5.0138	6.8	34.094
										密封油膏	kg	0.26	3.0316	7.5	22.737
										其他材料费(占材料费)	%	0.13			3.3363
									机械	电锤 520W	台班	0.0923	1.076218	3.5	3.7668
2	4—033	成品铝合金推拉窗安装	m²	7.65	1750.21	168.683	1578.19	3.33081	人工	综合人工	工日	0.49	3.7485	45	168.68
									材料	铝合金推拉窗(不含玻璃)	m²	0.95	7.2675	160	1162.8
										平板玻璃 5mm	m²	0.95	7.2675	29	210.76
										合金钢钻头 φ10	个	0.622	4.7583	13	61.858
										地　脚	个	5	38.25	2.5	95.625
										玻璃胶 350g	支	0.47	3.5955	6.8	24.449
										密封油膏	kg	0.36	2.754	7.5	20.655
										其他材料费(占材料费)	%	0.13			2.048
									机械	电锤 520W	台班	0.1244	0.95166	3.5	3.3308
四		油漆、涂料、裱糊工程													
1	5—172	主席台木龙骨(带毛板)刷防火涂料两遍	m²	9.45	121.767	52.9862	68.7809		人工	综合人工	工日	0.1246	1.17747	45	52.986
									材料	防火涂料	kg	0.44	4.158	16	66.528
										豆包布 0.9m 宽	m	0.002	0.0189	9	0.1701

续表

序号	定额编号	项目名称	单位	工程量	直接工程费	人工费	材料费	机械费	费用分析	名称	单位	定额耗量	合计耗量	市场单价	合价
									材料	催干剂	kg	0.008	0.0756	8	0.6048
										油漆溶剂油	kg	0.046	0.4347	3.4	1.478
2	5-168	方木龙骨刷防火涂料两遍	m²	48.03	358.563	201.006	157.558		人工	综合人工	工日	0.093	4.46679	45	201.01
									材料	防火涂料	kg	0.198	9.50994	16	152.16
										豆包布0.9m宽	m	0.001	0.04803	9	0.4323
										催干剂	kg	0.004	0.19212	8	1.537
										油漆溶剂油	kg	0.021	1.00863	3.4	3.4293
3	5-287	电袋室贴不对花墙纸	m²	101.11	2485.57	928.19	1557.38		人工	综合人工	工日	0.204	20.62644	45	928.19
									材料	墙纸	m²	1.1	111.221	12	1334.7
										大白粉	kg	0.235	23.76085	0.2	4.7522
										酚醛清漆	kg	0.07	7.0777	6.5	46.005
										油漆溶剂油	kg	0.03	1.4409	3.4	4.8991
										聚醋酸乙烯乳液	kg	0.251	25.37861	5.4	137.04
										羧甲基纤维素	kg	0.0165	1.668315	18	30.03
4	5-195	顶棚会议室墙面、零星分部刷乳胶漆两遍	m²	186.79	1795.67	941.422	854.245		人工	综合人工	工日	0.112	20.92048	45	941.42
									材料	石膏粉	kg	0.0205	3.829195	0.6	2.2975
										大白粉	kg	0.528	98.62512	0.7	69.038
										砂纸	张	0.06	11.2074	0.6	6.7244
										豆包布0.9m宽	m	0.0018	0.336222	9	3.026
										聚醋酸乙烯乳液	kg	0.06	11.2074	5.4	60.52
										乳胶漆	kg	0.2835	52.95497	12.5	661.94
										滑石粉	kg	0.1386	25.88909	0.4	10.356
										羧甲基纤维素	kg	0.012	2.24148	18	40.347

续表

序号	定额编号	项目名称	单位	工程量	直接工程费	人工费	材料费	机械费	费用分析	名称	单位	定额耗量	合计耗量	市场单价	合价
5	6—061	铜制阴角线	m	8.9	99.5919	14.2979	85.294		人工	综合人工	工日	0.0357	0.31773	45	14.298
									材料	自攻螺钉	个	4.182	37.2198	0.6	22.332
										铜制阴角线	m	1.03	9.167	6.8	62.336
										202胶 FSC-2	kg	0.0088	0.07832	8	0.6266
6	6—070	60宽榉木腰线	m	23.26	118.87	34.4364	84.4338		人工	综合人工	工日	0.0329	0.765254	45	34.436
									材料	60宽榉木腰线	m	1.05	24.423	3.2	78.154
										圆钉	kg	0.007	0.16282	5.8	0.9444
										锯材	m³	0.0001	0.002326	1350	3.1401
										202胶 FSC-2	kg	0.0118	0.274468	8	2.1957
7	6—069	木质装饰条(灯饰边框,50mm×20mm)	m	16	65.6304	21.528	44.1024		人工	综合人工	工日	0.0299	0.4784	45	21.528
									材料	木质装饰条(灯饰边框,50mm×20mm)	m	1.05	16.8	2.4	40.32
										圆钉	kg	0.007	0.112	5.8	0.6496
										锯材	m³	0.0001	0.0016	1350	2.16
										202胶 FSC-2	kg	0.0076	0.1216	8	0.9728
		合 计			34938.57	6888.30	28015.8	34.47							

措施项目费分析表

表 6-11

工程名称：××公司电教室和会议室内装修工程

序号	定额编号	项目名称	单位	工程量	直接工程费	人工费	材料费	机械费	费用分析	名称	单位	定额耗量	合计耗量	市场单价	合价
		措施项目													
1	7—005	满堂脚手架	m²	124.43	654.573	524.099	121.763	8.7101	人工	综合人工	工日	0.0936	11.64665	45	524.1
									材料	回转扣件	kg	0.0069	0.858567	3.8	3.2626
										对角扣件	kg	0.0045	0.559935	3.8	2.1278
										直角扣件	kg	0.0183	2.277069	3.8	8.6529
										脚手架底座	kg	0.0043	0.535049	3.8	2.0332
										竹架板	m²	0.0237	2.948991	14.2	41.876
										焊接钢管	kg	0.1006	12.51766	3.8	47.567
										防锈漆	kg	0.0087	1.082541	13.5	14.614
										其他材料费（占材料费）	%	1.36			1.63
									机械	载重汽车6T	台班	0.0002	0.024886	350	8.7101
2	7—013	楼地面成品保护	m²	123.42	225.242	55.539	169.703		人工	综合人工	工日	0.01	1.2342	45	55.539
									材料	胶合板3mm	m²	0.275	33.9405	5	169.7
3	7—016	内墙面成品保护	m²	166.18	179.113	124.884	54.2285		人工	综合人工	工日	0.0167	2.775206	45	124.88
									材料	彩条纤维布	m²	0.1375	22.84975	2	45.7
										其他材料费（占材料费）	%	5			8.529
4		内墙面增加改架工日	工日	1	95.715	95.715			人工	综合人工	工日	2.127	2.127	45	95.715
		合 计			1154.64	800.23	345.69	8.71							35365

95

措施项目费计价表

表 6-12

序号	措施项目名称	措施项目费用（元）	措施项目费中的人工费（元）	计 算 式
1	满堂脚手架	654.57	524.10	见"措施项目费分析表"
2	楼地面成品保护	225.24	55.54	见"措施项目费分析表"
3	内墙面成品保护	179.11	124.88	见"措施项目费分析表"
4	内墙面增加改架工日	95.72	95.72	见"措施项目费分析表"
5	安全、文明施工费	574.57	172.37	直接工程费中人工费×8.5%（规定费率，其中人工费占30%）
6	临时设施费	1385.72	346.40	直接工程费中人工费×20.5%（规定费率，其中人工费占25%）
7	二次搬运费	540.77	486.69	直接工程费中人工费×8%（规定费率，其中人工费占90%）
	合 计	3655.70	1805.7	

主要材料汇总表

表 6-13

序号	材料名称	单位	单价（元）	数 量
1	硬木地板（企口）成品	m²	55	52.65
2	杉木锯材	m³	1400	2.132
3	松木锯材	m³	1350	0.248
4	陶瓷地砖 800mm×800mm	m²	38	76.2
5	水泥砂浆 1:3	m³	420	1.48
6	红影木踢脚线 100 高	m	6.5	62.35
7	胶合板 9mm	m²	38	10.65
8	红影木踢脚线 150 高	m	9.5	9.35
9	锯 材	m³	1350	1.11
10	轻钢龙骨吊筋	kg	6.8	21.39
11	轻钢龙骨平面（不上人）450mm×450mm	m²	22.5	77.54
12	角 钢	kg	5.1	30.56
13	珍珠白铝塑板	m²	42	28.27
14	香槟金铝塑板	m²	45	2.64
15	纸面石膏板	m²	17	91.03
16	自攻螺钉	个	0.6	3028
17	细木工板	m²	18	21.67
18	全玻地弹门（不含玻璃）	m²	170	11.19
19	平板玻璃 10mm	m²	45	11.19
20	铝合金推拉窗（不含玻璃）	m²	160	7.27
21	平板玻璃 5mm	m²	29	7.27
22	防火涂料	kg	16	13.67
23	墙纸	m²	12	111.22
24	大白粉	kg	0.2	122.38
25	聚醋酸乙烯乳液	kg	5.4	36.58
26	乳胶漆	kg	12.5	52.95
27	滑石粉	kg	0.4	25.89
28	铜制阴角线	m	6.8	9.17
29	60 宽榉木腰线	m	3.2	24.42
30	木质装饰条（灯饰边框，50mm×20mm）	m	2.4	16.8
31	胶合板 3mm	m²	5	33.94
32	磨砂玻璃	m²	35	11.505

第三节　建筑装饰工程量清单编制及计价实例

一、工程概况

××公司电教室和会议室室内装饰工程，工程内容及材料选用详见第二节实例表6-1、表6-2及图6-1~图6-7。

编制××公司电教室和会议室室内装饰工程的工程量清单的过程如下：

二、工程量清单编制

1. 分部分项工程量清单项目的工程量计算

分部分项工程量清单项目的工程量计算表见表6-14。

清单项目工程量计算表　　　　　　　　　　　　　　　　　　　表 6-14

工程名称：××公司电教室和会议室室内装饰工程

序号	分项工程名称	单位	数量	计算式
一	楼地面工程			
1	电教室硬木不拼花地板（企口）	m²	9.45	5.4×1.75
2	会议室硬木不拼花地板（企口）	m²	41.34	7.54×4.86+0.46×4.86+(1.26-0.46)×4.86÷2-0.13×0.46×2〖柱〗+2.65×0.24〖门开口〗
3	800×800陶瓷地砖	m²	74.15	(9.03+10.84)×(7.54+0.46)÷2+(4.65+0.465+5.06+0.13)×(1.26-0.46)÷2-5.4×1.75〖主席台〗
4	电教室红影木踢脚线（成品，100高）	m²	3.61	((9.03+0.46×2〖柱侧壁〗-2.65〖门洞口〗+7.54+0.46+7.54×1.065〖斜边换算系数〗+0.5+(4.65+0.465)×1.05〖斜边换算系数〗+0.46×2〖柱侧壁〗+0.5+(5.06+0.13)×1.06〖斜边换算系数〗)×0.1
5	会议室红影木踢脚线（成品，100高）	m²	2.33	((4.86-2.65〖门洞口〗)+(7.54+0.46)×2+4.86×1.04〖斜边换算系数〗)×0.1
二	墙面工程			
1	电教室贴不对花墙纸	m²	101.11	[9.03+0.46×2〖柱侧壁〗+7.54+0.46+7.54×1.065〖斜边换算系数〗+0.5+(4.65+0.465)×1.05〖斜边换算系数〗+0.46×2+0.5+(5.06+0.13)×1.06〖斜边换算系数〗]×(3-0.1)-2.65×2.1〖门洞口〗-1.5×1.5〖窗洞口〗-1.8×1.5〖窗洞口〗-5.4×0.15〖主席台〗
2	会议室刷乳胶漆	m²	65.067	(8×2+4.86+4.86×1.04〖斜边换算系数〗)×(3-0.1-0.06)-2.65×2.2〖门洞口〗-1.8×1.5〖窗洞口〗
三	顶棚工程			
1	电教室吊顶顶棚	m²	83.6	74.15+5.4×1.75〖主席台〗
2	会议室吊顶顶棚	m²	40.82	7.54×4.86+0.46×4.86+(1.26-0.46)×4.86÷2
四	门窗工程			
1	成品铝合金全玻地弹门	樘	2	2
2	成品铝合金推拉窗1800×1500	樘	2	2
3	成品铝合金推拉窗1500×1500	樘	1	1

2. 工程量清单

工程量清单见表 6-15 ~ 表 6-21。

封面　　　　　　　　　　　　　　　　　　　　　　　　表 6-15

××公司电教室和会议室室内装饰工程

```
                       工程量清单
   招标人：_____(单位签字盖章)
   法定代表人：_____(签字盖章)
   中介机构：
   法定代表人：_____(签字盖章)
   造价工程师及注册证号：_____(签字盖执业专用章)

   编制时间：2007.9.6
```

填表须知　　　　　　　　　　　　　　　　　　　　　　　表 6-16

填表须知
1. 工程量清单中所有要求签字、盖章的地方，必须由规定的单位和人员签字、盖章。
2. 工程量清单中的任何内容不得随意删除或涂改。
3. 工程量清单中列明的所有需要填报的单价和合价，投标人均应填报，未填报的单价和合价，视为此项费用已包含在工程量清单的其他单价和合价中。
4. 金额(价格)均应以 人民币 表示。

总说明　　　　　　　　　　　　　　　　　　　　　　　　表 6-17

1. 工程概况
  工程建设地点在某市市区内，交通运输便利，有城市道路可供使用。
2. 清单编制依据及说明：
  本工程工程量清单是根据某市设计院设计的装饰工程施工图、《建设工程工程量清单计价规范》GB 50500—2003 等进行编制。本工程工程量清单应与投标须知、合同条款、技术规范、招标图纸及国家现行质量验收规范、工程量清单计价规范等文件结合查阅并理解。

分部分项工程量清单　　　　　　　　　　　　　　　　　　表 6-18

工程名称：××公司电教室和会议室室内装饰工程

序号	项目编码	项 目 名 称	计量单位	工程数量
1	020104002001	电教室主席台硬木不拼花地板（企口） 1. 龙骨材料种类、规格、铺设间距：木龙骨 40×60，间距 300，防火涂料两遍 2. 基层材料种类、规格：15 厚木工板，防火涂料两遍 3. 面层材料品种、规格、品牌、颜色：成品硬木不拼花地板 4. 红影木踢脚线 150 高，铜制阴角线	m^2	9.450
2	020104002002	会议室硬木不拼花地板（企口） 1. 龙骨材料种类、规格、铺设间距：木龙骨 40×60，间距 300，防火涂料两遍 2. 面层材料品种、规格、品牌、颜色：成品硬木不拼花地板	m^2	41.340
3	020102002001	电教室 800×800 块料楼地面 1. 找平层厚度、砂浆配合比：1:2 水泥砂浆 2. 结合层厚度、砂浆配合比：1:2 水泥砂浆 3. 面层材料品种、规格、品牌、颜色：800×800 浅色陶瓷地砖	m^2	74.150

续表

序号	项目编码	项目名称	计量单位	工程数量
4	020105006001	红影木木质踢脚线 1. 踢脚线高度：100mm 2. 面层材料品种、规格、品牌、颜色：成品红影木	m²	5.940
5	020302001001	电教室吊顶顶棚 1. 吊顶形式：跌级式（带漫反射） 2. 龙骨材料种类、规格、中距：U形轻钢龙骨450×450，造型部分方木龙骨（双层楞300×300） 3. 基层材料种类、规格：纸面石膏板，漫反射基层细木工板 4. 面层材料品种、规格、品牌、颜色：造型部分珍珠白、香槟金铝塑板，磨砂玻璃 5. 油漆品种、刷漆遍数：木龙骨刷防火涂料两遍，纸面石膏板面、漫反射等刷白色乳胶漆	m²	83.600
6	020302001002	会议室吊顶顶棚 1. 吊顶形式：跌级式（带漫反射） 2. 龙骨材料种类、规格、中距：U形轻钢龙骨450×450，造型部分方木龙骨（双层楞300×300） 3. 基层材料种类、规格：纸面石膏板，漫反射基层细木工板 4. 面层材料品种、规格、品牌、颜色：造型部分磨砂玻璃，50×20木质边框 5. 油漆品种、刷漆遍数：木龙骨刷防火涂料两遍，纸面石膏板面、漫反射等刷白色乳胶漆	m²	40.820
7	020404005001	全玻门（带扇框） 1. 门类型：成品铝合金全玻地弹门 2. 框材质、外围尺寸：铝合金，2650×2200 3. 玻璃品种、厚度、五金特殊要求：10厚清玻，不锈钢门夹，金属拉手	樘	2.000
8	020406001001	金属推拉窗 1. 窗类型：推拉窗C-1 2. 框材质、外围尺寸：铝合金，1800×1500	樘	2.000
9	020406001002	金属推拉窗 1. 窗类型：推拉窗C-2 2. 框材质、外围尺寸：铝合金，1500×1500	樘	1.000
10	020509001001	电教室贴不对花墙纸 1. 基层类型：一般抹灰面 2. 裱糊构件部位：墙面	m²	101.110
11	020506001001	会议室刷乳胶漆 1. 基层类型：一般抹灰面 2. 线条宽度、道数：60宽榉木线条 3. 刮腻子要求：三遍 4. 油漆品种、刷漆遍数：乳胶漆两遍	m²	65.070

措施项目清单　　　　表 6-19

工程名称：××公司电教室和会议室室内装饰工程

序号	项目名称	单位	数量
1	通用项目		
1.1	环境保护	项	1
1.2	临时设施	项	1
1.3	夜间施工	项	1
1.4	二次搬运费	项	1
1.5	脚手架	项	1
1.6	已完工程及设备保护	项	1
2	装饰装修工程		
2.1	室内空气污染测试	项	1

其他项目清单　　　　表 6-20

工程名称：××公司电教室和会议室室内装饰工程

序号	项目名称	单位	数量
1	招标人部分		
1.1	预留金	元	—
1.2	材料购置费	元	—
2	投标人部分		
2.1	总承包服务费	元	
2.2	零星工作费	元	

零星工作项目表　　　　表 6-21

工程名称：××公司电教室和会议室室内装饰工程

序号	名称	计量单位	数量
1	人工		
1.1			
1.2	小计		—
2	材料		
2.1			
2.2	小计		
3	机械		
3.1			
3.2	小计		—
4	其他类别		
4.1			
4.2	小计		

三、工程量清单计价

投标单位为某市某国有三级建筑装饰工程公司。投标单位报价，参照《2003某市消耗量定额》，并进行市场调查和询价。管理费包括现场管理费及企业管理费，该费用按人工费的30%计算；利润按人工费的10%计算。

计价过程如下：

（1）确定施工方案，根据清单项目提供的项目特征描述，分析每一个清单项目中的定额子目。

（2）参照《2003某市消耗量定额》工程量计算规则，计算定额子目工程量（工程量计算表见第二节表6-4相应内容）。

（3）清单项目综合单价计算，见表6-22。

分部分项工程量清单综合单价计算表

表 6-22

工程名称：××公司电教室和会议室室内装饰工程

项目编码	定额编号	清单项目名称及工程内容	单位	数量	综合单价组成						综合单价
					人工费	材料费	机械使用费	管理费	利润	合价	
020104002001		电教室主席台硬木不拼花地板(企口) 1.龙骨材料种类、规格、铺设间距：木龙骨40×60，间距300，防火涂料两遍 2.基层材料种类、规格：15厚木工板，防火涂料两遍 3.面层材料品种、规格、品牌 颜色：成品硬木不拼花地板 4.红影木踢脚线150mm高，铜制阴角线	m²	9.45						2001.98	211.85
	BA0132换	硬木不拼花地板企口	10m²	0.95	245.70	1096.14	0.54	73.71	24.57	1361.42	
	BE0176	防火涂料二遍 木地板 木龙骨基层板	10m²	0.95	56.07	72.78		16.82	5.61	142.96	
	BA0170	成品红影木踢脚线150mm高	10m	0.89	16.11	418.10	0.11	4.83	1.61	392.28	
	BF0027	铜制阴角线	10m	0.89	16.07	95.84		4.82	1.61	105.32	
020104002002		会议室硬木不拼花地板(企口) 1.龙骨材料种类、规格、铺设间距：木龙骨40×60，间距300，防火涂料两遍 2.面层材料品种、规格、品牌、颜色：成品硬木不拼花地板	m²	41.34						4928.14	119.21
	BA0130	硬木不拼花地板铺在木楞上(单层)企口	10m²	4.07	208.35	831.77	0.48	62.51	20.84	4574.44	
	BE0175	防火涂料二遍 木地板 木龙骨	10m²	4.07	32.72	41.18		9.82	3.27	354.05	
020102002001		电教室800×800块料楼地面 1.找平层厚度、砂浆配合比：1:2水泥砂浆 2.结合层厚度、砂浆配合比：1:2水泥砂浆 3.面层材料品种、规格、品牌、颜色：800×800浅色陶瓷地砖	m²	74.15						4697.40	63.35
	BA0063换	800×800陶瓷地砖楼地面 周长3200(mm以内)	10m²	7.33	130.64	456.27	1.93	39.19	13.06	4697.34	

续表

项目编码	定额编号	清单项目名称及工程内容	单位	数量	综合单价组成						综合单价
					人工费	材料费	机械使用费	管理费	利润	合价	
020105006001		红影木木质踢脚线 1. 踢脚线高度：100mm 2. 面层材料品种、规格、品牌、颜色：成品红影木	m²	5.94						2431	409.26
	BA0170	成品红影木踢脚板	10m	5.94	16.11	386.6	0.11	4.83	1.61	2431	
020302001001		电教室吊顶顶棚 1. 吊顶形式：跌级式(带漫反射) 2. 龙骨材料种类、规格、中距：U形轻钢龙骨450×450，造型部分方木龙骨(双层楞300×300) 3. 基层材料种类、规格：纸面石膏板，漫反射基层细木工板 4. 面层材料品种、规格、品牌、颜色：造型部分珍珠白、香槟金铝塑板，磨砂玻璃 5. 油漆品种、刷漆遍数：木龙骨刷防火涂料两遍，纸面石膏板面、漫反射等刷白色乳胶漆	m²	83.60						9674.19	115.72
	BC0017	方木顶棚龙骨 双层楞 面层规格 300×300	10m²	3.39	76.50	400.11	0.60	22.95	7.65	1720.97	
	BE0180	防火涂料二遍 顶棚 方木骨架	10m²	3.39	69.75	50.27		20.93	6.98	501.30	
	BC0092	珍珠白铝塑板顶棚面层 贴在龙骨底	10m²	2.69	67.50	447.00		20.25	6.75	1457.66	
	BC0092	香槟金铝塑板顶棚面层 贴在龙骨底	10m²	0.25	67.50	478.58		20.25	6.75	144.02	
	BC0135	磨砂玻璃顶棚 平面	10m²	0.73	162.00	485.97		48.60	16.20	522.46	
	BC0149	悬挑式灯槽 直型 细木工板面	10m	2.32	49.50	47.90		14.85	4.95	271.90	
	BC0023	装配式U形轻钢顶棚龙骨(不上人型) 面层规格450×450 平面	10m²	4.97	94.50	275.56	1.20	28.35	9.45	2033.52	
	BC0097	石膏板顶棚面层 安在U形轻钢龙骨上	10m²	4.97	54.00	388.78		16.20	5.40	2308.53	
	BE0205	顶棚乳胶漆 抹灰面 二遍	10m²	4.97	50.40	43.09		15.12	5.04	564.98	
	BE0210	乳胶漆二遍 零星部位	10m²	2.00	13.50	55.62		4.05	1.35	148.73	

续表

项目编码	定额编号	清单项目名称及工程内容	单位	数量	综合单价组成						综合单价
					人工费	材料费	机械使用费	管理费	利润	合价	
020302001002		会议室吊顶顶棚 1. 吊顶形式：跌级式(带漫反射) 2. 龙骨材料种类、规格、中距：U形轻轻钢龙骨450×450，造型部分方木龙骨(双层楞300×300) 3. 基层材料种类、规格：纸面石膏板，漫反射基层细木工板 4. 面层材料品种、规格、品牌、颜色：造型部分磨砂玻璃，50×20木质边框 5. 油漆品种、刷漆遍数：木龙骨刷防火涂料两遍，纸面石膏板面、漫反射等刷白色乳胶漆	m²	40.82						4817.58	118.02
	BC0017	方木顶棚龙骨(吊在混凝土板下或梁下)双层楞 面层规格300×300	10m²	1.41	76.50	400.11	0.60	22.95	7.65	718.25	
	BE0180	防火涂料二遍 顶棚 方木骨架	10m²	1.41	69.75	50.27		20.93	6.98	209.22	
	BC0135	磨砂玻璃顶棚 平面	10m²	0.38	162.00	485.97		48.60	16.20	273.70	
	BC0149	悬挑式灯槽 直型 细木工板面	10m	1.72	49.50	47.90		14.85	4.95	201.26	
	BC0023	装配式U形轻钢顶棚龙骨(不上人型)面层规格450×450 平面	10m²	2.67	94.50	275.56	1.20	28.35	9.45	1091.37	
	BC0097	石膏板顶棚面层 安在U形 轻钢龙骨上	10m²	3.70	54.00	388.78		16.20	5.40	1717.46	
	BF0034	50×20木质边框	10m	1.60	13.46	27.56		4.04	1.35	74.24	
	BE0205	顶棚乳胶漆 抹灰面 二遍	10m²	3.70	50.40	43.09		15.12	5.04	420.32	
	BE0210	乳胶漆二遍 零星部位	10m²	1.50	13.50	55.62		4.05	1.35	111.84	

续表

项目编码	定额编号	清单项目名称及工程内容	单位	数量	综合单价组成						综合单价
					人工费	材料费	机械使用费	管理费	利润	合价	
020404005001		全玻门(带扇框) 1. 门类型：成品铝合金全玻地弹门 2. 框材质、外围尺寸：铝合金，2650×2200 3. 玻璃品种、厚度、五金特殊要求：10厚清玻，不锈钢门夹，金属拉手	樘	2.00						2630.50	1315.25
	BD0063 换	地弹门	10m²	1.17		2256.00				2630.50	
020406001001		金属推拉窗 1. 窗类型：推拉窗C-1 2. 框材质、外围尺寸：铝合金，1800×1500	樘	2.00						769.50	384.75
	BD0066 换	推拉窗	10m²	0.54		1425.00				769.50	
020406001002		金属推拉窗 1. 窗类型：推拉窗C-2 2. 框材质、外围尺寸：铝合金，1500×1500	樘	1.00						320.63	320.63
	BD0066 换	推拉窗	10m²	0.23		1425.00				320.63	
020509001001		电教室贴不对花墙纸 1. 基层类型：一般抹灰面 2. 裱糊构件部位：墙面	m²	101.11						2837.15	28.06
	BE0294	墙面贴装饰纸 墙纸 不对花	10m²	10.11	91.80	152.09		27.54	9.18	2837.25	
020506001001		会议室刷乳胶漆 1. 基层类型：一般抹灰面 2. 线条宽度、道数：60宽榉木线条 3. 刮腻子要求：三遍 4. 油漆品种、刷漆遍数：乳胶漆两遍	m²	65.07						872.59	13.41
	BE0205	乳胶漆 抹灰面 二遍	10m²	6.51	50.40	43.09		15.12	5.04	739.52	
	BF0035	60宽榉木线条	10m	2.33	14.81	36.30		4.44	1.48	132.67	

（4）措施项目分析表（表6-23）

措施项目分析表　　　　　　　　　　　　　　　　　　　　　　　　表6-23

工程名称：××公司电教室和会议室室内装饰工程

序号	项目名称及说明	单位	数量	直接费				管理费		利润		合计
				人工费	材料费	机械费	小计	费率（%）	金额	利润率（%）	金额	
1	通用项目			704.61	723.45	6.59	1434.65		211.38		70.46	2706.68
1.1	环境保护	项	1									139.24
1.2	临时设施	项	1									324.88
1.3	夜间施工	项	1									154.71
1.4	二次搬运费	项	1									371.30
1.5	脚手架	项	1	524.10	145.71	6.59	676.40	23.25	157.23	7.75	52.41	886.07
1.6	已完工程及设备保护	项	1	180.51	577.74		758.25	7.14	54.15	2.38	18.05	830.48
2	装饰装修工程											1000.00
2.1	室内空气污染测试	项	1									1000.00

注：其中环境保护、临时设施、夜间施工、二次搬运费、室内空气污染测试等费用参照某企业类似工程费率测算的。

（5）措施项目费用计算表（表6-24）

措施项目费用计算表　　　　　　　　　　　　　　　　　　　　　　表6-24

工程名称：××公司电教室和会议室室内装饰工程

序号	定额编码	工程内容	单位	数量	其中（元）					
					人工费	材料费	机械费	管理费	利润	小计
	1.5	脚手架								
1	BG0005	满堂脚手架	10m²	12.443	524.10	145.71	6.59	157.23	52.41	886.07
	1.6	已完工程及设备保护								
2	BG0013	成品保护　楼地面	10m²	12.342	55.54	509.11		16.66	5.55	586.86
3	BG0016	成品保护　内墙面	10m²	16.618	124.97	68.63		37.49	12.50	243.62
	六、	其他								
合计（结转至单位工程费汇总表）					704.61	723.45	6.59	211.38	70.46	1716.55

(6) 分部分项工程量清单计价表（表6-25）

分部分项工程量清单计价表 表6-25

工程名称：××公司电教室和会议室室内装饰工程

序号	项目编码	项目名称	计量单位	工程数量	综合单价	合　价
1	020104002001	电教室主席台硬木不拼花地板（企口） 1. 龙骨材料种类、规格、铺设间距：木龙骨40×60，间距300，防火涂料两遍 2. 基层材料种类、规格：15厚木工板，防火涂料两遍 3. 面层材料品种、规格、品牌、颜色：成品硬木不拼花地板 4. 红影木踢脚线150mm高，铜制阴角线	m²	9.450	211.85	2001.98
2	020104002002	会议室硬木不拼花地板（企口） 1. 龙骨材料种类、规格、铺设间距：木龙骨40×60，间距300，防火涂料两遍 2. 面层材料品种、规格、品牌、颜色：成品硬木不拼花地板	m²	41.340	119.21	4928.14
3	020102002001	电教室800×800块料楼地面 1. 找平层厚度、砂浆配合比：1:2水泥砂浆 2. 结合层厚度、砂浆配合比：1:2水泥砂浆 3. 面层材料品种、规格、品牌、颜色：800×800浅色陶瓷地砖	m²	74.150	63.35	4697.40
4	020105006001	红影木木质踢脚线 1. 踢脚线高度：100mm 2. 面层材料品种、规格、品牌、颜色：成品红影木	m²	5.940	409.26	2431
5	020302001001	电教室吊顶顶棚 1. 吊顶形式：跌级式（带漫反射） 2. 龙骨材料种类、规格、中距：U形轻钢龙骨450×450，造型部分方木龙骨（双层楞300×300） 3. 基层材料种类、规格：纸面石膏板，漫反射基层细木工板 4. 面层材料品种、规格、品牌、颜色：造型部分珍珠白、香槟金铝塑板，磨砂玻璃 5. 油漆品种、刷漆遍数：木龙骨刷防火涂料两遍，纸面石膏板面、漫反射等刷白色乳胶漆	m²	83.600	115.72	9674.19
6	020302001002	会议室吊顶顶棚 1. 吊顶形式：跌级式（带漫反射） 2. 龙骨材料种类、规格、中距：U形轻钢龙骨450×450，造型部分方木龙骨（双层楞300×300） 3. 基层材料种类、规格：纸面石膏板，漫反射基层细木工板 4. 面层材料品种、规格、品牌、颜色：造型部分磨砂玻璃，50×20木质边框 5. 油漆品种、刷漆遍数：木龙骨刷防火涂料两遍，纸面石膏板面、漫反射等刷白色乳胶漆	m²	40.820	118.02	4817.58
本页小计						28550.29

续表

序号	项目编码	项目名称	计量单位	工程数量	金额（元）	
					综合单价	合价
7	020404005001	全玻门（带扇框） 1. 门类型：成品铝合金全玻地弹门 2. 框材质、外围尺寸：铝合金，2650×2200 3. 玻璃品种、厚度、五金特殊要求：10厚清玻，不锈钢门夹，金属拉手	樘	2.000	1315.25	2630.50
8	020406001001	金属推拉窗 1. 窗类型：推拉窗C-1 2. 框材质、外围尺寸：铝合金，1800×1500	樘	2.000	384.75	769.50
9	020406001002	金属推拉窗 1. 窗类型：推拉窗C-2 2. 框材质、外围尺寸：铝合金，1500×1500	樘	1.000	320.63	320.63
10	020509001001	电教室贴不对花墙纸 1. 基层类型：一般抹灰面 2. 裱糊构件部位：墙面	m²	101.110	28.06	2837.15
11	020506001001	会议室刷乳胶漆 1. 基层类型：一般抹灰面 2. 线条宽度、道数：60宽榉木线条 3. 刮腻子要求：三遍 4. 油漆品种、刷漆遍数：乳胶漆两遍	m²	65.070	13.41	872.59
本页小计						7430.37
合计						35980.66

（7）措施项目清单计价表（表6-26）

措施项目清单计价表   表6-26

工程名称：××公司电教室和会议室室内装饰工程

序号	项目名称及说明	单位	数量	单价（元）	金额（元）
1	通用项目			2706.68	2706.68
1.1	环境保护	项	1	139.24	139.24
1.2	临时设施	项	1	324.88	324.88
1.3	夜间施工	项	1	154.71	154.71
1.4	二次搬运费	项	1	371.30	371.30
1.5	脚手架	项	1	886.07	886.07
1.6	已完工程及设备保护	项	1	830.48	830.48
2	装饰装修工程			1000.00	1000.00
2.1	室内空气污染测试	项	1	1000.00	1000.00
合计（结转至单位工程费汇总表）				3706.68	3706.68

(8) 其他项目清单计价表（表 6-27）

其他项目清单计价表　　　　　　　　　　　　　　　　表 6-27

工程名称：××公司电教室和会议室室内装饰工程

序　号	项目名称及说明	金额（元）
1	招标人部分	
1.1	预留金	0
1.2	材料购置费	0
2	投标人部分	
2.1	总承包服务费	0
2.2	零星工作费	0
合计（结转至单位工程费汇总表）		0

(9) 零星工作项目计价表（表 6-28）

零星工作项目计价表　　　　　　　　　　　　　　　　表 6-28

工程名称：××公司电教室和会议室室内装饰工程

序号	项目名称及说明	计量单位	数　量	单　价	合　价
1	人工				
1.1					
1.2	小计		0		0
2	材料				
2.1					
2.2	小计		0		0
3	机械				
3.1					
3.2	小计		0		0
4	其他类别				
4.1					
4.2	小计		0		0
合计（结转至其他项目清单计价表）					0

(10) 人工、材料、机械数量及价格表（表 6-29）

人工、材料、机械数量及价格表

表 6-29

工程名称：××公司电教室和会议室室内装饰工程

序号	工料机代号	名　　称	规格、型号	单位	数　　量	单价	合价
一		人工					
1	A000000001	综合工日		工日	162.681	45.00	7320.65
		小计					7320.65
二		材料					
1	BA01000006	白水泥		kg	7.547	0.60	4.53
2	BA01010000	水泥 32.5		kg	1198.406	0.30	359.52
3	BB01010001	特细砂		t	1.884	32.00	60.29
4	BB03000009	石膏粉		kg	3.111	0.60	1.87
5	BD01020001	锯材		m^3	3.242	1350.00	4376.7
6	BD03020004	硬木地板（企口）成品		m^2	52.658	55.00	2896.16
7	BD04010001	大芯板（细木工板）		m^2	10.093	18.00	181.67
8	BD04030001	胶合板		m^2	44.595	15.00	668.931
9	BD05010014	锯木屑		m^3	0.440	12.73	5.60
10	BD05020008	竹架板（侧编）		m^2	2.949	26.57	78.36
11	BE01110104-1	磨砂玻璃		m^2	11.505	35.00	402.68
12	BE02020000	陶瓷地面砖		m^2	76.201	38.00	2895.63
13	BE04000002-1	铜制阴角线		m	9.167	6.80	62.34
14	BE05020001-1	珍珠白铝塑板		m^2	28.265	42.00	1187.13
15	BE05020001-2	香槟金铝塑板		m^2	2.639	45.00	118.74
16	BE06000007	轻钢龙骨（不上人型，平面）	450×450	m^2	77.538	22.50	1744.60
17	BE08000001	墙纸		m^2	111.221	12.00	1334.65
18	BE10010013-1	木踢脚线（成品）150mm		m	9.345	9.00	84.11
19	BE10010015-1	50×20 木质装饰线		m	16.800	2.40	40.32
20	BE10010015-2	60 宽榉木装饰线		m	24.427	3.20	78.17
21	BE10020001	石膏板		m^2	91.031	17.00	1547.52
22	BE15000020-1	15 厚木工板		m^2	9.923	18.00	178.61
23	BE16000080	彩条纤维布		m^2	22.850	2.00	45.70
24	BF01010004-1	全玻地弹门		m^2	11.194	235.00	2630.50
25	BF01020003-1	铝合金推拉窗		m^2	7.268	150.00	1090.13
26	BG03030001	铁件		kg	4.727	5.10	24.11
27	BG03030002	预埋铁件		kg	94.571	5.10	482.31
28	BG03030009	吊筋		kg	21.390	5.10	109.09
29	BG08000001	角钢		kg	30.557	4.00	122.23
30	BG09010002	焊接钢管		kg	12.518	2.90	36.30

续表

序号	工料机代号	名 称	规格、型号	单位	数 量	单价	合价
31	BH02010101	圆钉		kg	22.266	5.80	129.143
32	BH02100101	射钉		个	116.880	0.16	18.70
33	BH02110001	镜钉		个	145.210	0.50	72.61
34	BH04030101	自攻螺钉		个	3028.232	0.60	1816.94
35	BH04110101	高强螺栓		kg	0.932	7.50	6.99
36	BH04150201	螺母		个	268.900	0.30	80.67
37	BH04320200	垫圈		个	134.450	0.12	16.13
38	BH06010001	镀锌钢丝		kg	3.074	5.40	16.60
39	BH06010004	镀锌钢丝 10 号		kg	15.110	5.40	81.60
40	BH07010101	电焊条		kg	1.506	6.80	10.24
41	BH08030101	砂纸		张	10.854	0.60	6.51
42	BH09010001	直角扣件		kg	2.277	5.25	11.96
43	BH09010002	对接扣件		kg	0.560	5.25	2.94
44	BH09010003	回转扣件		kg	0.859	5.15	4.42
45	BH09010008	脚手架底座		kg	0.535	5.25	2.81
46	BI01010201	防锈漆		kg	1.083	6.44	6.97
47	BI01010301	酚醛清漆		kg	7.078	6.50	46.01
48	BI01020201	催干剂		kg	0.479	8.00	3.83
49	BI02000020	防火涂料		kg	28.732	16.00	459.71
50	BI02000037	乳胶漆		kg	58.492	12.50	731.15
51	BI03010023	玻璃胶 350g		支	6.479	6.80	44.05
52	BI03010037	202 胶 FSC-2		kg	0.474	8.00	3.80
53	BI03020018	胶粘剂		kg	13.318	8.50	113.20
54	BI03030030	臭油水		kg	14.253	3.20	45.61
55	BI03030031	羧甲基纤维素		kg	1.821	18.00	32.78
56	BI03030033	聚醋酸乙烯乳液		kg	34.485	5.40	186.22
57	BI03030041	滑石粉		kg	21.035	0.40	8.41
58	BI03030046	防腐油		kg	0.336	5.50	1.85
59	BI03030048	大白粉		kg	103.893	0.20	20.78
60	BI03030054	氟化钠		kg	2.315	5.80	13.43
61	BI03030090	熟胶粉		kg	1.668	3.00	5.01
62	BI03030186	油漆溶剂油		kg	5.975	3.40	20.31
63	BI04000046	双面胶带纸		m²	2.513	9.00	22.62
64	BI04000051	棉纱头		kg	1.234	14.20	17.53
65	BI04010005	豆包布（白布）	0.9m 宽	m	0.769	9.00	6.92

续表

序号	工料机代号	名称	规格、型号	单位	数量	单价	合价
66	BI06000003	煤油		kg	1.817	3.40	6.18
67	BI07000001	水		m³	2.387	3.00	7.16
68	BK03000006	油毡（油纸）		m²	10.206	5.00	51.03
69	BZ01000009	其他材料费（占材料费）		元	57.249	1.00	57.25
70	BE10010013-2	木踢脚线（成品）100mm		m	62.37	6.00	374.22
		小计					27412.79
三		配比材料					
1	BZ00033200	水泥砂浆	1:2	m³	1.480	232.14	343.59
2	BZ00042600	素水泥浆		m³	0.073	463.26	33.96
		小计					377.55
四		机械					
1	C000004006	载重汽车	载重量6t	台班	0.025	263.29	6.56
2	C000006016	灰浆搅拌机	出料容量200L	台班	0.256	55.14	14.14
3	C000007012	木工圆锯机	直径Φ500mm	台班	0.143	22.65	3.24
4	C000009002	交流电焊机	容量32kV·A	台班	0.100	119.88	12.04
		小计					35.98
合计（结转至单位工程费汇总表）							35146.97

（11）单位工程费汇总表（表6-30）

单位工程费汇总表　　　　　　　　　　表6-30

工程名称：××公司电教室和会议室室内装饰工程

序号	分部工程项目名称	金额（元）
1	分部分项工程量清单计价合计	35981
2	措施项目清单计价合计	3707
3	其他项目清单计价合计	0
4	安全文明施工专项费用	391
5	规费	1148
6	税金	1368
	含税工程造价	42595

（12）填写投标总价（表6-31）

投 标 总 价　　　　　　　　　　　　表6-31

投标总价

建设单位：＿＿××＿＿
工程名称：＿××公司电教室和会议室室内装饰工程＿
投标总价（小写）：＿＿42595元＿＿
　　　　　（大写）：＿肆万贰仟伍佰玖拾伍元整＿
投标人：＿＿某建筑装饰工程公司＿＿（单位签字盖章）
法定代表人：＿＿××＿＿（签字盖章）
编制时间：＿＿2007.9.6＿＿

（13）填写封面（表6-32）

封　　面　　　　　　　　　　　　表6-32

＿××公司电教室和会议室室内装饰工程＿　工程

工程量清单报价表

投标人：＿＿某建筑装饰工程公司＿＿（单位签字盖章）

法定代表人：＿＿××＿＿（签字盖章）

造价工程师
及注册证号：＿＿××＿＿（签字盖执业专用章）

编制时间：＿＿2007.9.6＿＿

（14）按工程量清单计价表格格式进行装订成册

思 考 题

1. 建筑装饰工程预算的组成内容有哪些？
2. 建筑装饰工程施工图预算的编制依据是什么？
3. 怎样编制建筑装饰施工图预算？

第七章 建筑装饰工程预算审查

第一节 概　　述

一、审查的意义

装饰工程预算是装饰工程建设招投标、合同签订、施工、办理结算的重要文件，它的编制准确程度不仅直接关系到建设单位和施工单位的经济利益，同时也关系到装饰工程的经济合理性，因此对装饰工程预算进行审查是确保预算造价的准确程序的重要环节，具有十分重要的意义：

(1) 能够合理确定装饰工程造价。

(2) 能够为签订工程承发包合同的当事人或参与招投标的单位提供可靠的参考依据，恰当合理地平衡各方的经济利益。

(3) 能够为银行提供拨付工程进度款、办理工程价款结算的可靠依据。

(4) 能够为建设单位、监理单位进行造价控制、合同管理、资金筹备、材料采购等工作提供依据。

(5) 能够为施工单位进行成本核算与控制、施工方案的编制与优化、施工过程中的材料采购、内部结算与造价控制提供依据。

二、审查的含义及目的

装饰工程预算的审查，其含义就是按照相应的法律法规结合现行有效的计算规则和取费方式对已编制好的装饰工程预算进行审核查实，以确定装饰工程预算的合理性。审查的目的在于：合理确定装饰工程造价，及时发现预算中可能存在的高估冒算、套取建设资金、丢项漏算、有意压低工程造价等问题；切实保证施工企业收入合理合法，建设单位工程投资使用合理，避免浪费；促进施工企业加强自身管理，向质量、技术、工期、成本控制要效益。

三、审查的原则及依据

1. 审查的原则

如前所述，装饰工程预算审查有其重要的意义，因此在审查过程中一定要坚持一定的原则，才能保证其意义的实现，否则不但起不了实际的意义，反而还会为工程各方提供错误的决策信息，以至于造成较大的经济损失。因此加强和遵循审核的原则性是装饰工程预算审核的一个非常重要的前提，归纳起来有以下三条原则：

(1) 参与审核装饰工程预算的人员必须坚持实事求是的原则。审查装饰工程预算的主要内容是审核工程预算造价，因此在审查过程中要结合国家的有关政策和法律规定、相关的图纸和技术经济资料按照一定的审核方法逐项合理地核实其预算工程量和造价等内容，不论是多估冒算还是少算漏项应一一如实调整，遵循实事求是的原则，并结合施工现场条件、相关的技术措施恰当地计算有关费用。

(2) 坚持清正廉洁的作风。审查人员应从国家的利益出发，站在维护建设方、施工方合法利益的角度，按照国家有关装饰材料的性能和质量要求，来合理确定所用材料的质量和价格。

(3) 坚持科学的工作态度。目前因装饰工程材料和工艺的变化较大，一时间还没有相应完整的配套标准，造成了装饰工程定额的缺口还较多。如遇定额缺项，必须坚持科学的工作态度，以施工图为基础并结合相应施工工艺，对项目进行分解，按不同的劳动分工、不同的工艺特点和复杂程度区分和认识施工过程的性质和内容，研究工时和材料消耗的特点，经过综合分析和计算，确定合理的工程单项造价。

2. 审查的依据

为了使审核工作做到有根有据，装饰工程预算的审查依据通常包括以下几方面：

(1) 国家或地方现行规定的各项方针、政策、法律法规。
(2) 建设方、施工方双向认可并经审核的施工图纸及附属文件。
(3) 工程承包合同或相关招标资料。
(4) 现行装饰工程预算定额及相关规定。
(5) 各种经济信息，如装饰材料的动态价格、造价信息等资料。
(6) 各类工程变更和经济洽商。
(7) 拟采用的施工方案、现场地形及环境资料。

第二节　建筑装饰工程预算的审查方式与方法

装饰工程预算的审查方式与方法大致与建筑、安装等专业工程的预算审查方法相同，其不同点主要在于装饰工程预算的预算规则、项目划分、材料价格和工艺方法更加详细和多样化，同时新材料、新工艺的应用更频繁，定额缺项较多。

一、审查方式

根据预算编制单位和审查部门的不同，一般有以下三种方式：

1. 单独审查

一般是指编制单位经过自审后，将预算文件分别送交建设单位和有关银行进行审核，建设单位和有关银行依靠自有的技术力量进行审查后，对审查中发现的问题，经与施工单位交换意见后协商解决。

2. 委托会审

一般是指因建设单位或银行自身审查力量不足而难以完成审查任务，委托具有审查资格的咨询部门代其进行审查，并与施工单位交换意见，协商定案。

3. 会审

指工程装饰规模大，且装饰高级豪华，造价高的工程预算，因采用单独审查或委托审查比较困难，所以采用设计、建设、施工等单位会同建设银行一起审查的方式。此方式定案时间短、效率高，但组织工作较麻烦。

二、审查方法

1. 全面审查法

也称逐项审查法。顾名思义即按装饰工程预算的构成内容，从工程量、定额套用、费用计取等方面，逐项进行审查。其实质是对装饰工程预算的编制全过程进行复核，此法审查质量高，十分准确，但效率低、费时费力。

2. 重点审查法

是依据平时积累资料和经验，对被送审的装饰工程预算进行重点项目重点分析、审查的方法。重点审查法是预算审查中最常用的一种方法，它与全面审查法相比能节约审查时间，审查效率高，质量基本能保证；但由于审查的项目是有选择性的，故不容易选准项目，从而造成较大的误差。这种方法审查的重点应放在以下几点：

(1) 计算规则容易混淆的项目工程量，防止错用计量单位或张冠李戴。

(2) 对于容易多次套用定额项目和高估冒算的项目应注意防止重复列项和漏项的现象发生。

(3) 限制使用范围的项目，防止任意扩大使用范围而造成高取费用的现象发生。

(4) 定额缺项和报价不合理的项目，防止乱报价和脱离现行规定的组价、暂估价、参考价发生。

(5) 价值比较高的项目。

3. 分析对比审查法

是指采用长期积累的经验指标对照送审预算进行比较的审查方法。其特点是速度快，质量基本能得到保证。

第三节　建筑装饰工程预算审查内容

建筑装饰工程预算审查的内容按组成预算书的格式可分为工程量审查、分项工程单价审查、费用审查三部分。

一、工程量审查

1. 工程量审查的方法

工程量审查主要是指对送审预算的工程量进行核查，根据不同的审查方法对工程量采取不同的审查方法，可按如下方法进行：

(1) 全面审查法

当采用全面审查法进行审查时，需要对送审预算的工程量按照相关规则进行重新计算汇总，再与送审工程量进行对比调整。

(2) 重点审查法

当采用重点审查法进行审查时，需要有重点地选择一些工程量大、价格高、容易出错的项目进行审查，而其他项目则不予重点考虑。采用这种方法的前提是审查者应具备比较丰富的实际经验和与之类似工程的相关数据，不然在选择审查项目时很难准确地把握好。

(3) 分析对比审查法

分析对比审查法重点是将要审核的装饰预算书的各种工程量按照各种计算分摊出的造价指标与之相类似的工程的造价指标进行对比分析，找出差异较大的子目再进行单独计算。此种方法最简便，审查质量基本能保证，因此在实际操作中，分析对比审查法往往与重点审查法结合使用。

2. 工程量审查中应注意以下几点

（1）装饰装修工程不同于土建工程，具有工艺复杂、材料品种繁多、施工方法多变、艺术效果强烈等特点。因此在进行工程量审查前，一定要熟悉图纸、看懂图纸，装饰工程具有工艺造型复杂、艺术效果强烈等特点，必须看懂施工图的点、线、面、造型、材料、工艺，充分理解设计师的设计意图及要达到的装饰效果。一般施工图包含以下几个部分：平面布置图、结构改造定位图、天花图、立面图、剖面图、节点图、水、电、风施工图等，必须了解每一部位的工艺措施及相互关系。按照定额项目划分要求进行列项计算。

（2）现行有效定额的各种消耗指标或单价是按照社会平均施工水平和常规施工工艺编制的，因装饰工程的工程材料、施工工艺变化较大，同时工艺也较土建工程复杂，在施工过程中往往会增加一些必要的措施，而这笔措施费用定额往往很难考虑周全，所以在进行工程量审查计算时要将这些措施项目列入计算。

（3）按照定额项目划分要求进行列项计算时，应结合工艺特点进行划分。如陶瓷地砖楼地面按地砖规格不同分别列项，门窗刷油漆按不同种类分别乘以不同的系数。这一点要求审查者一定要对定额的划分标准非常熟悉。

（4）现行有效定额虽然经过不断补充修编，在一定程度上可以满足一般装修项目的预算报价，但远远跟不上市场的发展，定额缺项较多，需新编定额子目。新编定额子目的划分一定要按照科学方法进行，一般是以一道工序为一个分项子目。

二、分项工程单价审查

1. 分项工程单价审查的方法

分项工程单价审查是指对送审预算书的工程计价表的定额子目套取、定额材料单价和各种汇总费用进行审查。主要有以下两种审查方法：

（1）全面审查法

当采用全面审查法进行审查时，需要对送审预算的工程计价表的定额子目套取和定额单价按照相关规则和当期市场价格或甲乙双方约定的价格进行重新套取，再与送审工程量进行对比调整。在审查过程中还需把握好定额换算和定额缺项的补充计价，现实中因预算软件的广泛使用，在进行定额套取过程中，往往采用预算软件进行定额套取和价格选取，从而大大节约了审查时间，同时准确度也最高，因此这种方法也是人们常常采用审查方法。

（2）重点审查法

当采用重点审查法进行审查时，需要有重点地选择一些工程量大、价格高、容易出错的项目进行审查，而其他项目则不予重点考虑。重点选取的审查项目应与工程量审查中的重点选取审查项目相对应。因分项工程单价审查的结果对预算实际造价影响较大，审查时间比工程量的审查时间短，且重点审查法不如全面审查法的准确度高，所以现实中人们很少采用，只有在套取工程定额子目较多、无相关预算软件、对审查准确度要求不是很高且时间紧迫的情况下才采用。

2. 分项工程单价审查中应注意以下几点

（1）装饰工程材料成千上万，主材占总造价的比例已高达60%～70%，而主材的产地、厂家、规格、型号不同，价格也相差甚远。例如600mm×600mm耐磨抛光地砖，不同的厂家、品牌、等级，价格在10.00～30.00元/块不等，同样是西米黄大理石，600mm×900mm的要比600mm×600mm的规格板贵很多，颜色、等级不同，价格也不一样；在审查过程中，一定要明确主材的样板或产地、厂家、规格、型号。

（2）定额换算时应注意部分定额子目只换算材料型号、价格，而有些定额子目则人工、材料、机械都要跟着换算。

（3）因定额缺项需新增编定额分项子目时，一定要按照现行施工社会平均水平的消耗标准进行编制，新增措施项目也要按照实事求是的原则确定具体消耗标准，确定措施项目的前提是该项措施是经审核过的最优方案，即技术可行、经济合理、满足工期等要求。

三、费用审查

费用审查是指对送审预算的工程取费表的取费程序和依据进行审查。费用审查需注意以下几点：

（1）因目前全国各个省市所选取的定额和计费程序不尽相同，部分省市内甚至还存在地区调差系数和造价调整系数，所以在审查取费程序和计价依据时一定要结合当地实际情况进行审查。

（2）装饰工程过程中往往直接购买了不少部件的成品或半成品，如门窗、箱柜、厨厕部件等等，这些部件的费用往往是包含了安装、运输等费用，这笔费用不再进行定额套取和计价，直接进入工程取费表中收取税金及当地的规费，如果不是同一单位承包施工，还应计算配合费用。

（3）一切以合同和招标文书为依据，对于招标工程的取费依据必须按照招标方的招标文书要求进行取费计算，对于直接发包工程的取费依据必须按照甲乙双方签订的工程合同的要求进行取费计算，不能直接以当地的取费规则、工程类别、材料价格等进行取费计算。

第四节　建筑装饰工程预算审查步骤

建筑装饰工程预算审查按照以下三步进行：

一、准备工作

建筑装饰工程预算审查的准备工作可按以下几点进行：

（1）熟悉送审预算和与之相关的施工图纸、承发包签订的合同或招标文书、材料价格、施工方案或施工组织设计。

（2）根据投资规模和送审预算价值及审查期限选择适当的审查方法。

（3）深入施工现场调查研究，掌握施工现场情况、技术变更及生产条件等资料，使预算审查工作符合国家规定又不脱离工程实际施工情况。

（4）与建设单位或监理单位人员进行核实和明确与送审预算相关的施工图纸、承发包签订的合同或招标文书、材料价格、施工方案或施工组织设计。

二、审查核对

建筑装饰工程预算审查核对工作是审查的重点，可按以下几点进行：

（1）按照提供的施工的图纸、技术变更、施工方案或措施结合当地现行预算规则进行项目划分和计算工程量。

（2）按照定额规则划分标准对已计算出的工程量进行汇总统计。

（3）按汇总的工程量分别套取定额，采集材料价格进行单价计算，并汇总直接费、人工费、材料费、机械费，统计主要材料用量。

（4）按照合同或招标文书、当地取费规则进行取费计算。

（5）汇总各单位工程造价。

三、审查定案

审查定案是审查的最后过程，也是确定造价的决定性工作，它关系到建设方、施工方的各自利益，因此其定案过程往往也较麻烦。根据不同的审查目的大致有以下几点工作：

（1）与送审单位和有关部门交换审查意见，对预算中有出入和争议的地方找出合理合法的解决办法。

（2）对合同或相关书面资料有不同理解方式的内容逐一进行明确，并形成书面资料。

（3）通过与各方人员协商后形成审定的结果由审查单位形成文件，并由各方签收认可。

（4）审查单位还应就审查的工程进行备案，以备核查。

思 考 题

1．为什么要对建筑装饰工程预算进行审查？
2．审查的原则和依据是什么？
3．建筑装饰工程预算的审查方式与方法有几种？
4．怎样进行建筑装饰工程预算的审查？

第八章 建筑装饰工程结算

第一节 概 述

一、工程结算的概念

工程结算亦称工程价款结算，所谓工程结算是指承包商在工程实施过程中，依据承包合同中关于付款条款的规定和已经完成的工程量，并按照规定的程序向建设单位（业主）收取工程价款的一项经济活动。

建筑装饰产品（或装饰工程造价）的定价过程，是一个具有个别性、动态性、层次性等特征的动态定价过程。由于生产建筑装饰产品的施工周期长，人工、建筑材料和资金耗用量巨大，在施工实施的过程中为了合理补偿工程承包商的生产资金，通常将已完成的部分施工作业量作为"假定的合格建筑装饰产品"，按有关文件规定或合同约定的结算方式结算工程价款并按规定时间和额度支付给工程承包商，这种行为通常称为工程结算。

通过工程结算确定的款项称为结算工程价款，俗称工程进度款。对于一些工程规模大、工期长的工程，其工程结算在整个施工的实施过程中要进行多次，直到工程项目全部竣工并验收，再进行最终产品的工程竣工结算。而一些规模较小或工期较短的工程，往往只进行一次工程结算，即工程竣工结算，最终的工程竣工结算价才是承发包双方认可的建筑产品的市场真实价格，也就是最终产品的工程造价。

按现行规定，将"假定的合格建筑装饰产品"作为结算依据。"假定产品"一般是指完成预算定额规定的全部工序的分部分项工程。凡是没有完成预算定额所规定的工程内容及相应工作量的，不允许办理工程结算。对工期短、预算造价低的工程，可在竣工后办理一次结算，若要办理中间结算，视工程性质不同，其中间结算累计额或付款额也不尽相同，一般不应超过承包合同价的95%，留5%尾款在竣工结算后处理。

二、工程结算的重要意义

工程结算是工程项目承包中的一项十分重要的工作，主要表现在：

（1）工程结算是反映工程进度的主要指标。在施工过程中，工程价款的结算的依据之一就是按照已完成的工程量进行结算，也就是说，承包商完成的工程量越多，所应结算的工程价款就应越多，所以，根据累计结算的工程价款占合同总价款的比例，能够近似地反映出工程的进度情况，有利于准确掌握工程进度。

（2）工程结算是加速资金周转的重要环节。承包商能够尽快尽早地结算回工程价款，有利于偿还债务，也有利于资金的回笼，降低内部运营成本。通过加速资金周转，提高资金使用的有效性。

（3）工程结算是考核经济效益的重要指标。对于承包商来说，只有工程价款如数地结算，才意味着完成了"惊险一跳"，避免了经营风险，承包商也才能够获得相应的利润，进而达到良好的经济效益。

三、工程价款的主要结算方式

我国现行工程价款结算根据不同情况，可采取多种方式。

1．按月结算

实行旬末或月中预支，月终结算，竣工后清算的办法。跨年度竣工的工程，在年终进行工程盘点，办理年度结算。我国现行建筑安装工程价款结算中，相当一部分实行这种按月结算。

2．竣工后一次结算

建设项目或单项工程全部建筑安装工程建设期在12个月以内，或者工程承包合同价值在100万元以下的，可以实行工程价款每月月中预支，竣工后一次结算。

3．分段结算

即当年开工，当年不能竣工的单项工程或单位工程按照工程形象进度，划分不同阶段进行结算。分段结算可以按月预支工程款，分段的划分标准，由各部门、自治区、直辖市、计划单列市规定。

对于以上三种主要结算方式的收支确认。国家财政部在1999年1月1日起实行的《企业会计准则——建造合同》讲解中作了如下规定：

——实行旬末或月中预支，月终结算，竣工后清算办法的工程合同，应分期确认合同价款收入的实现，即：各月份终了，与发包单位进行已完工程价款结算时，确认为承包合同已完工部分的工程收入实现，本期收入额为月终结算的已完工程价款金额。

——实行合同完成后一次结算工程价款办法的工程合同，应于合同完成、施工企业与发包单位进行工程合同价款结算时，确认为收入实现，实现的收入额为承发包双方结算的合同价款总额。

——实行按工程形象进度划分不同阶段，分段结算工程价款办法的工程合同，应也按合同规定的形象进度分次确认已完阶段工程收益实现。即：应于完成合同规定的工程形象进度或工程阶段，与发包单位进行工程价款结算时，确认为工程收入的实现。

4．目标结款方式

即在工程合同中，将承包工程的内容分解成不同的控制界面，以业主验收控制界面作为支付工程价款的前提条件。也就是说，将合同中的工程内容分解成不同的验收单元，当承包商完成单元工程内容并经业主（或其委托人）验收后，业主支付构成单元工程内容的工程价款。

目标结款方式下，承包商要想获得工程价款，必须按照合同约定的质量标准完成界面内的工程内容；要想尽早获得工程价款，承包商必须充分发挥自己组织实施能力，在保证质量前提下，加快施工进度。这意味着承包商拖延工期时，则业主推迟付款，增加承包商的财务费用、运营成本，降低承包商的收益，客观上使承包商因延迟工期而遭受损失。同样，当承包商积极组织施工，提前完成控制界面内的工程内容，则承包商可提前获得工程价款，增加承包收益，客观上承包商因提前工期而增加了有效利润。同时，因承包商在界面内质量达不到合同约定的标准而业主不予验收，承包商也会因此而遭受损失。可见，目标结款方式实质上是运用合同手段、财务手段对工程的完成进行主动控制。

目标结款方式中，对控制界面的设定应明确描述，便于量化和质量控制，同时要适应项目资金的供应周期和支付频率。

5. 结算双方约定的其他结算方式。

四、工程结算的种类和计算方法

工程结算一般分为工程备料款的结算、工程进度款的结算和工程竣工结算。

(一) 工程备料款的结算

所谓工程备料款指包工包料（俗称双包）工程在签订施工合同后，由业主按有关规定或合同约定预支给承包商，主要用来购买工程材料的款项。

1. 预付备料款的限额

预付备料款的限额由下列主要因素决定：主要材料（包括外购构件）占工程造价的比重；材料储备期；施工工期。

对于施工企业常年应备的备料款限额，可按下式计算：

$$备料款限额 = \frac{年度计划完成合同价款 \times 主要材料比重}{年度施工日历天数} \times 材料储备天数$$

式中，材料储备天数可根据当地材料供应情况确定。

$$工程备料款额度 = (预收备料款数额 \div 年度计划完成合同价款) \times 100\%$$

在实际工作中，备料款的数额，要根据各工程类型、合同工期、承包方式和供应体制等不同条件而定。例如：工业项目中钢结构和管道安装占比重较大的工程，其主要材料所占比重比一般安装工程要高，因而备料款也应相应提高；工期短的比工期长的工程要高；材料由施工单位自购的比由建设单位供应主要材料的要高。

装饰工程预支工程备料款额度应不超过当年建筑装饰工作量的25%，若工期不足一年的工程，可按承包合同价的30%预支工程备料款。对于只包定额工日（不包材料定额，一切材料由建设单位供给）的工程项目，则可以不预付备料款。

2. 备料款的扣回

备料款属于预付性质。到施工的中后期，应随着工程备料储量的减少，预付备料款应在中间结算工程价款中逐步扣还。由于备料款是按承包工程所需储备的材料计算的，因而当工程完成到一定进度，材料储备随之减少时，预收备料款应当陆续扣还，并在工程全部竣工前扣完。确定预收备料款开始扣还的起扣点，应以未完工程所需主材及结构构件的价值刚好同备料款相等为原则。工程备料款可按下式计算：

$$预收备料款 = (合同造价 - 已完工程价款) \times 主材费率$$

式中，主材费率 = 主要材料费 ÷ 合同造价

上式经变换为：

预收备料款起扣时的工程进度（即起扣点）= 1 - (预收备料款额度 ÷ 主材费率)

在装饰工程承发包过程中，由于市场竞争的加剧，建设单位一般很少预支工程备料款给施工单位，只是部分主材由建设单位直接购买或建设单位指定厂家由施工单位垫付购买，在工程进度款中抵扣。一般家装或一些工程规模小、工期短的装饰工程，建设单位才按合同约定或相关规定预支部分备料款给施工单位。

(二) 工程进度款的结算

工程进度款的结算，根据建筑生产和产品的特点，常有以下两种结算方法：

1. 按月结算

对建筑施工工程，每月月末（或下月初）由承包商提出已完工程月报表和工程款结算

清单，交现场监理工程师审查签证并经业主确认后，办理已完工程的工程款结算和支付业务。

按月结算时，对已完成的施工部分产品，必须严格按规定标准检查质量和逐一清点工程量。质量不合格或合同约定的计算方法中规定的全部工序内容，则不能办理工程结算。工程承发包双方必须遵守结算相关规则，既不准虚假冒算，又不准相互拖欠，应本着实事求是的原则确定当月已完工程的工程价款。

2. 分段结算

对在建施工工程，按施工形象进度将施工全过程划分为若干个施工阶段进行结算。工程按进度计划规定的施工阶段完成后，即进行结算，具体做法有以下几种：

(1) 按施工阶段预支，该施工阶段完工后结算。这种做法是将工程总造价通过计算拆分到各个施工阶段，从而得到各个施工阶段的建筑安装工程费用。承包商据此填写"工程价款预支账单"，送监理工程师签证并经业主确认后办理结算。

(2) 按施工阶段预支，竣工后一次结算。这种方法与前一种方法比较，其相同点均是按阶段预支，不同点是不按阶段结算，而是竣工后一次结算。

(3) 分次预支，竣工后一次结算。分次预支、每次预支金额数应与施工进度大体相一致。此种结算方法的优点是可以简化结算手续，适用于投资少、工期短、技术简单的工程。

(三) 工程竣工结算

工程竣工结算是指施工企业按照合同的规定，对竣工点交后的工程向建设单位办理最后工程价款清算的经济技术文件。

竣工结算一般由施工单位编制，根据工程投资方要求，一般经监理单位、建设单位初审后委托造价咨询公司终审，作为建设单位与施工单位最终结算工程价款的依据。

第二节 工程竣工结算

装饰工程竣工结算与装饰工程预算相比较显得更为重要，因为竣工结算标志着装饰工程造价的最后认定。竣工结算的编制是在经审定的装饰工程预算的基础上，根据工程施工的具体情况进行相关费用调整，其编制方法与装饰工程预算的编制方法基本相同。

一、竣工结算的编制依据

(1) 工程竣工报告、竣工验收单和竣工图；

(2) 工程承包合同和已审核的原施工图预算；

(3) 图纸会审纪要、设计变更通知书、技术变更核定（洽商）单、施工签证单或施工记录、施工组织设计；

(4) 业主与承包商共同认可的有关材料预算价格或价差；

(5) 现行预算定额和费用定额以及政府行政主管部门出台的调价调差文件；

(6) 其他涉及到与工程有关的技术经济文件，如报告、函件、指令等资料。

二、竣工结算的方式

根据合同价格形式的不同，可分为以下三种。

(1) 以"固定价格合同"为基础编制竣工结算。这种方式一般用于采用"固定价格合同"的工程，"固定价格合同"分为"固定单价合同"和"固定总价合同"。"固定单价合同"是指合同中已约定了工程中每个分部分项工程的单价，由各个分部分项工程单价乘以其工程量汇总得出工程总价。"固定总价合同"是指根据施工图，将合同或招标文件中指定的施工图范围内的工作内容按照约定计算方法得出一个综合的固定总造价。甲乙双方按照原施工图结合合同要求或通过招投标确定的合同造价，这种合同造价是根据工程开工前甲乙双方按照当时的客观条件、风险和意愿确定的工程固定合同造价，在实施过程中假定不发生任何合同中约定的变化或其变化在约定的风险内，则先前确定的"固定合同造价"就等同于工程竣工结算造价。事实上，在工程实施过程中往往会出现各种变化，在工程竣工结算时，是以原"固定合同造价"为基础，以施工中实际发生而原"固定合同造价"中并未包含的增减工程项目、材料价差和费用签证等合同约定的调整范围依据，在竣工结算中，按照合同约定的调整方法一并进行调整，从而得出工程真正的竣工结算造价。采用这种方式有利于控制工程造价，提高造价管理水平和企业的竞争力。但前期合同定价过程较长，且施工单位担负的风险较大。

（2）以"可调价格合同"为基础编制竣工结算。这种方式一般用于"可调价格合同"，即合同中只约定了一个暂定的合同造价和具体的结算方式，工程竣工后按照合同约定的结算方式并结合竣工图、设计变更、签证等竣工结算资料进行编制竣工结算造价。这种方式主要用于工期紧、情况特殊等来不及准确确定合同造价的工程。采用这种方式不利于控制工程造价，建设单位较难把握好工程的投资限额，同时不利于提高造价管理水平和施工企业的竞争力。但前期合同定价过程短，能迅速组织施工；与之相反，建设单位担负的风险较大。

（3）以"成本加酬金合同"为基础编制竣工结算，其合同价款包括成本和酬金两部分，由甲乙双方在合同中约定成本构成和酬金的计算方法。这种方式在国内很少采用，在此不予详述。

三、竣工结算的编制内容

竣工结算按单位工程编制。一般内容如下：

（1）竣工结算书封面。封面形式与施工图预算书封面相同，要求填写业主、承包商名称、工程名称、结构类型、建筑面积、工程造价等内容。

（2）竣工结算书编制说明。主要说明施工合同有关规定、有关文件和变更内容以及编制依据等。

（3）结算造价汇总计算表。竣工结算表形式与施工图预算表形式相同。

（4）结算造价汇总表附表。主要包括工程增减变更计算表、材料价差计算表、业主供料及退款结算明细表。

（5）工程竣工资料。包括竣工图、工程竣工验收单、各类签证、工程量增补核定单、设计变更通知书等。

四、竣工结算的编制方法和步骤

（一）竣工结算的编制方法

工程竣工结算书的编制方法与施工图预算书基本相同，不同之处是以竣工图、设计变更签证等资料为依据，以原合同约定的造价及范围为基础，进行全面计算或部分增减和调整。

(1) 采用"固定价格合同"时，当分部分项工程项目有增减、新增工程、材料价格变化、签证时，应按照合同包干价格风险外的内容并结合合同规定的调整方法进行调整。

(2) 采用"可调价格合同"时，根据竣工图、设计变更、签证、经认可的材料单价、施工组织设计等技术经济资料按照合同规定的计算方法进行编制竣工工程结算。

(二) 竣工结算的编制步骤

(1) 收集整理原始资料。原始资料是编制竣工结算的主要依据，必须收集齐全。除平时积累外，尚应在编制前做好调查收集，整理核对工作。只有具备了完整齐全的原始资料后才能开始编制竣工结算。原始资料调查内容包括：原"固定价格合同"中的合同造价工程内容是否全部完成；工程量、定额、单价、合价、总价等各项数据有无错漏；"固定价格合同"中合同造价的暂估单价在竣工结算时是否已经核实。

(2) 了解工程的施工和材料供应情况。了解工程实际开工、竣工时间、施工进度、施工安排和施工方法，校核材料、半成品的供应方式、规格、数量和价格。

(3) 调整计算工程量，根据设计变更通知、验收记录、材料代用签证等原始资料，统计计算出应增加或减少的工程量。如果设计变动较多，设计图纸修改较大，可以重新分列工程项目并计算工程量。

(4) 选套预算定额单价或合同约定的单价，计算汇总竣工结算费用。

施工承包商将单位工程竣工结算造价计算出来以后，先送监理、业主初审，再由业主送专业性的造价咨询公司终审并经承发包双方共同确认，作为最终工程竣工结算造价。

思 考 题

1. 如何理解预收备料款起扣时的工程进度（即起扣点）？
2. 建筑工程竣工结算的编制依据是什么？
3. 谈谈以"固定价格合同"为基础编制竣工结算和以"可调价格合同"为基础编制竣工结算的不同点和优劣。

主 要 参 考 文 献

［1］ 廖天平．建筑工程定额与预算．第 2 版．北京：高等教育出版社，2007．
［2］ 袁建新．建筑工程预算．第 2 版．北京：高等教育出版社，2000．
［3］ 袁建新．建筑装饰工程预算．北京：科学出版社，2003．
［4］ 武育秦．装饰工程定额与预算．重庆：重庆大学出版社，2002．
［5］ 李景云．建筑工程定额与预算．重庆：重庆大学出版社，2002．
［6］ 栋梁工作室．全国统一建筑装饰装修工程消耗量定额应用手册．北京：中国建筑工业出版社，2003．
［7］ 任宏．建筑装饰工程造价手册．北京：中国建筑工业出版社，1999．
［8］ 陈宪仁．装饰工程预算与报价．北京：中国水利水电出版社，2003．
［9］ 李宏扬．建筑装饰装修工程量清单计价．北京：中国建材工业出版社，2003．
［10］ 田永复．编制装饰装修工程量清单与定额．北京：中国建筑工业出版社，2004．

全国高职高专教育土建类专业教学指导委员会规划推荐教材

（工程造价与建筑管理类专业适用）

征订号	书 名	定 价	作 者	备 注
15809	建筑经济（第二版）	22.00	吴泽	国家"十一五"规划教材
16528	建筑构造与识图（第二版）	38.00	高远 张艳芳	土建学科"十一五"规划教材
16911	建筑结构基础与识图（第二版）	25.00	杨太生	国家"十一五"规划教材
12559	建筑设备安装识图与施工工艺	24.00	汤万龙 刘玲	土建学科"十一五"规划教材
15813	建筑与装饰材料（第二版）	23.00	宋岩丽	国家"十一五"规划教材
16506	建筑工程预算（第三版）	32.00	袁建新 迟晓明	国家"十一五"规划教材
15811	工程量清单计价（第二版）	27.00	袁建新	国家"十一五"规划教材
16532	建筑设备安装工程预算（第二版）	19.00	景星蓉	国家"十一五"规划教材
16918	建筑装饰工程预算（第二版）	16.00	但霞 何永萍	土建学科"十一五"规划教材
12558	工程造价控制	15.00	张凌云	土建学科"十一五"规划教材
16533	工程建设定额原理与实务（第二版）	21.00	何辉 吴瑛	国家"十一五"规划教材
16530	建筑工程项目管理（第二版）	32.00	项建国	国家"十一五"规划教材
14201	建筑电气工程识图·工艺·预算（第二版）	33.00	杨光臣	国家"十一五"规划教材
13533	管道工程施工与预算（第二版）	30.00	景星蓉	国家"十五"规划教材
16529	建筑施工工艺	30.00	丁宪良 魏杰	土建学科"十一五"规划教材

欲了解更多信息，请登录中国建筑工业出版社网站：http://www.cabp.com.cn查询。